新版
钩针编织的包袋大全集

日本E&G创意 编著
刘晓冉 译

河南科学技术出版社
·郑州·

目　录

22、23

24、25、26

27、28

29、30

31、32

33、34

35、36

37、38

39、40

这款手包模拟了花篮的形状。
我在可爱的小花篮上，装点了浪漫的迷你玫瑰。

1
迷你玫瑰手包

制作方法 ----- p.48
设计、制作 ----- 芹泽圭子

这款蓝星花装饰的手包颜色十分清爽，
让人忍不住想要将重要的东西放入其中珍藏起来。

2
蓝星花手包

制作方法 ----- p.48
设计、制作 ----- 芹泽圭子

这款圆鼓鼓的口金包形状非常可爱。装饰的花朵更换一下，就会呈现出完全不同的风格。

3
雏菊口金包

4
三色堇口金包

5
波斯菊口金包

6
虞美人口金包

制作方法 ----- p.52
设计、制作 ----- 松本薰

3
4
5
6

这款口金包既可以柔美多彩，又可以精致淡雅。你喜欢哪个呢？

7

8

7
多彩花田口金包

8
淡雅花田口金包

制作方法 ----- p.56
设计、制作 ----- 远藤博美

这是一款看起来圆滚滚的束口袋。看到温柔的蒲公英就好像看到春日的原野，让人心绪平和。

9
蒲公英花蓝色束口袋

10
蒲公英花粉色束口袋

制作方法 ----- p.58
设计、制作 ----- 河合真弓

11

三叶草束口袋

制作方法 ----- p.58
设计、制作 ----- 河合真弓

这款束口袋装的东西越多，看起来就越饱满，十分可爱。

12
银莲花和玛格丽特束口袋

13
大丽花和满天星束口袋

制作方法 ----- p.60
设计、制作 ----- 今村曜子

因为我每天都想带着这款束口袋出门，
所以奢侈地点缀了很多花朵。

13

12

14
橙色非洲菊小包

15
粉色非洲菊小包

制作方法 ----- p.62
设计、制作 ----- 河合真弓

这款可爱的非洲菊小包洋溢着怀旧的氛围。这种用花片组成的单品十分迷人，每钩织一个花片，就会对它多一点依恋。

14
15

16

芍药浅粉色翻盖包

制作方法 ----- p.64
设计、制作 ----- 远藤博美

这款翻盖包上大胆地点缀了芍药花，让人感到初夏已经来临。

17

芍药紫色翻盖包

制作方法 ----- p.64
设计、制作 ----- 远藤博美

改变包身主体的配色，就能钩织出另一种风格的翻盖包。再点缀上浅粉色和白色的花朵，这款包包便有了一丝高贵之美。

这是一款能撩拨少女心的心形小包。
只要拿在手里，浪漫的气息就油然而生。

18

19

18
心形小包

19
心形玫瑰小包

制作方法 ----- p.51
设计、制作 ----- 川路由美子

20

黑色爆米花针口金包

制作方法 ----- p.66

设计、制作 ----- 冈真理子

这款用爆米花针钩织的口金包以凹凸不平的织片为亮点。有光泽的5号刺绣线让这款口金包更显品质。

21
白色爆米花针口金包

制作方法 ----- p.66

设计、制作 ----- 冈真理子

这款口金包是用2根5号刺绣线钩织的，短时间内就能钩织好，轻松又开心。

这款束口袋直接设计成了大菠萝花的形状。里面放入干花，作为香包使用也很漂亮。

22

菠萝花束口袋

制作方法 ----- p.70

设计、制作----- 武田敦子

浅紫色的小花片很像紫堇花。
好想用这款充满了春日气息的简洁束口袋收藏珍贵小物。

23

爱尔兰花片束口袋

制作方法 ----- p.68

设计、制作 ----- 冈真理子

24
三角形花片拉链包（小）

25
三角形花片拉链包（中）

26
三角形花片拉链包（大）

制作方法 ------ p.71

设计、制作------ 冈真理子

这几款包包这么可爱，真想变换颜色多做几个。

改变三角形花片的数量，就能做出3种不同尺寸的拉链包。先从小号开始挑战吧。

这是一款配色靓丽的钩针收纳包，对喜欢钩织的人来说是非常让人期待的单品。

27
彩虹色钩针收纳包

28
棕色系钩针收纳包

制作方法 ----- p.74

设计 ----- 冈本启子

制作 ----- 宫崎满子

27

28

因为是系绳设计，所以即使工具增加也能轻松调整，非常方便。

这是一款阿兰花样的拉链包，钩织阿兰花样总能让人获得成就感。传统的花样搭配不同的配色就会迸发出崭新的魅力。

29

阿兰花样拉链包

制作方法 ----- p.76
设计 ----- 河合真弓
制作 ----- 栗原由美

花费时间钩织的小包也非常适合用作礼物。

30

麻花花样拉链包

制作方法 ----- p.76
设计 ----- 河合真弓
制作 ----- 栗原由美

31

草莓图案束口袋

制作方法 ----- p.78

设计、制作 ----- 沟畑博美

这款草莓图案的束口袋在包包中堪称主角。尺寸也很适合在近距离外出时携带。

这款束口袋上的樱桃图案看上去和像素画一样，十分引人注目。采用了配色花样编织，所以结实的织片也是它的一大亮点。

32

樱桃图案束口袋

制作方法 ----- p.78

设计、制作 ----- 沟畑博美

3片柠檬切片整齐地排列成了这款卡包。
这些总是随身携带的小物自然越可爱越好。

33
柠檬片卡包

制作方法 ----- p.82
设计、制作 ----- 远藤博美

34

葡萄卡包

制作方法 ----- p.83
设计、制作 ----- 远藤博美

一串透亮的葡萄错落有致地排列在一起，形成了这款可爱的葡萄卡包。

这款小包的亮点就是包身上可爱的松鼠剪影。虽然钩织起来需要些耐心，但织片紧密、结实，十分耐用。

35

松鼠和花拉链包

制作方法 ----- p.84

设计、制作 ----- 松本薰

这款拉链包的包身上呈现的是有尖刺的刺猬。花朵的配色编织部分也非常可爱。

36

刺猬和花拉链包

制作方法 ----- p.84
设计、制作 ----- 松本薰

37

北极熊口金包

制作方法 ----- p.86

设计、制作 ----- 今村曜子

这款口金包上的北极熊看起来困意十足，举起的熊掌十分可爱。

38

熊猫口金包

制作方法 ----- p.86

设计、制作 ----- 今村曜子

为这款口金包上黑白配的大明星，送上它最喜爱的竹子吧！

39

铃铛猫口金包

制作方法 ----- p.89

设计、制作 ----- 河合真弓

这款口金包上的小猫脖颈间点缀的铃铛是亮点。

40

褐色小猫口金包

制作方法 ----- p.89
设计、制作 ----- 河合真弓

这款口金包上的小猫身上用了橙色线条装饰。

25号刺绣线的使用方法

1 捏住左端的线圈，慢慢拉出线头，就能不易缠绕、顺畅地拉出线头了。

2 每根刺绣线是由 6 股线构成的。本书中使用 25 号线制作的作品均直接使用 6 股线钩织。

3 标签上标记着色号。购买相同颜色的线时需要对照色号，请一定将标签套在线上留到最后。

4 将捻在一起的 1 根线用手缝针等分成两三股，用于刺绣等精细的操作。将线剪成长约 30cm，打开线捻，更容易分股。

5号刺绣线的使用方法

1 摘下标签，将缠绕在一起的线展开。

2 打开成大线圈。小心地打开顶端的线结，注意不要让线缠在一起。

3 捏住一端的线头，将其缠在厚卡纸上，注意不要让线打结。

4 本书中使用 5 号线制作的作品均直接使用 1 根线钩织。标签上标记着色号。购买相同颜色的线时需要对照色号，请一定将标签贴在绕线的厚卡纸上保存。

口金的缝合方法

1 将用卷针缝缝合过指定位置的包身、口金、手缝针、缝合线（有些作品也使用分股线）准备好。

2 从包身前片口金连接处一端针目的反面入针，穿入口金一端的孔中。

3 为了让两端针目连接得更牢固，需要挑起包身针目再次穿入口金一端的孔中。

4 挑起织片，从第 2 个孔中出针。

5 再次从第 1 个孔中入针。

6 从第 3 个孔中出针。按照回针缝的要领，重复以上操作进行缝合。

7 一边注意拉线是否牢固、均匀，一边仔细确认包身是否平整，认真缝合。

8 缝上口金后的样子。

拉链的缝合方法

・此处用作品 29 进行说明

1 根据开口的长度测量拉链的尺寸。用与拉链同色的线，将拉链止缝处缝两三次。

a

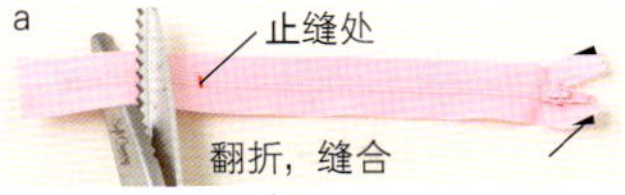

b

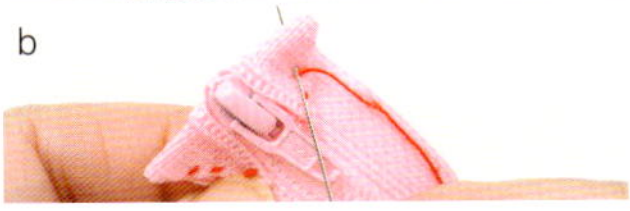

2 在拉链止缝处外侧，留 2cm 后用花边剪刀剪断（a）。将拉链两端翻折至正面，用平针缝缝合固定（b）。

3 将拉链的链牙凸出主体的边缘，用珠针暂时固定。

a

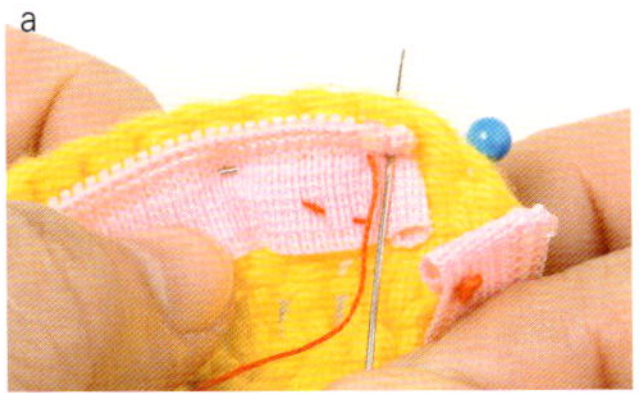

b

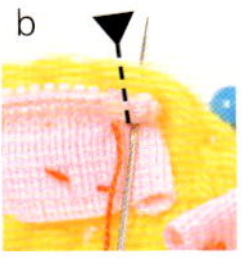

4 打开拉链，从拉链侧入针至包身外侧，向回缝 5mm 左右（a），再从拉链侧向包身外侧最后一行的头部下方（b 的▼标记处）入针（b）。

5 用 5mm 的针脚从包身外侧入针。

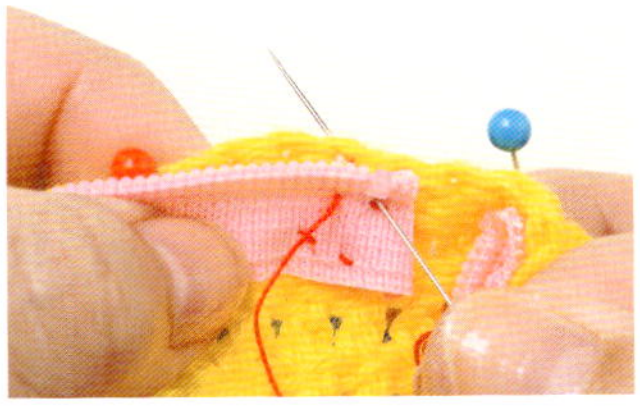

6 在步骤 5 中的针脚边缘，从拉链侧入针至包身外侧。

a(正面)

b(反面)

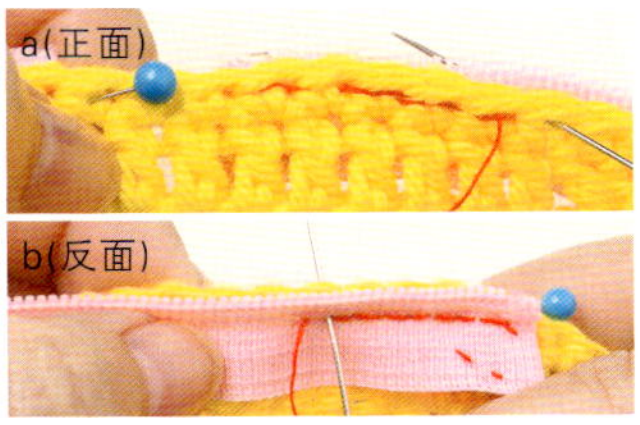

7 重复步骤 5、6 的操作继续缝合（a、b）。

8 缝上拉链后的样子。

配色花样的钩织方法（包住配色线的方法）

・用短针的条纹针进行说明

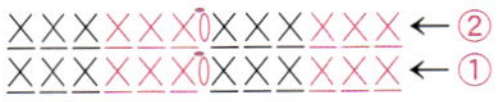

加入配色线（第 1 行的钩织起点）

a

b

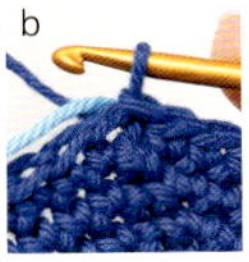

1 将配色线放在织片前面，与底色线一起挑起（a），将底色线挂在针上引拔出（b）。

2 钩织 1 针立起的锁针。

包住配色线

3 将配色线放在织片前边，与底色线一起挑起，将底色线挂在针上引拔出。

4 继续包住配色线钩织短针的条纹针。

将编织线替换成配色线

a

b

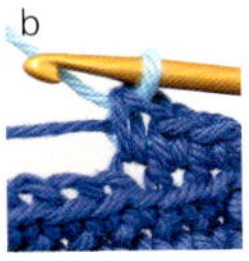

5 将要替换成配色线的针目钩织未完成的短针的条纹针，再将配色线挂在针上引拔出（a）。编织线就替换成了配色线（b）。

6 重复步骤 5 的操作，替换编织线，一边包住暂时停用的线，一边参考步骤 3、4 继续钩织。

・钩织条纹针时，需在钩织起点挑起头部的 2 根线引拔

继续钩织下一行

7 钩织至终点后，参考步骤 5，将编织线替换成下一行要用的线。将钩织起点的短针的条纹针头部 2 根线与配色线一起挑起，将编织线挂在针上引拔出。

8 挑起配色线，用短针的条纹针继续钩织下一行。

5　图片----- p.6　制作方法----- p.52

波斯菊第4行的钩织方法

1 将花芯的前片与后片各钩织1个。

2 2个花芯反面相对，前片在内侧，将2个花芯最后一行的后面半针一起挑起，钩织第4行。

3 钩织好第4行的样子。钩织第4行后，2个花芯就缝合在一起了。

6　图片----- p.7　制作方法----- p.52

虞美人的钩织方法

1 挑起第2行短针头部的前面半针（1根线），钩织第3行。右上图为钩织好第3行的样子。

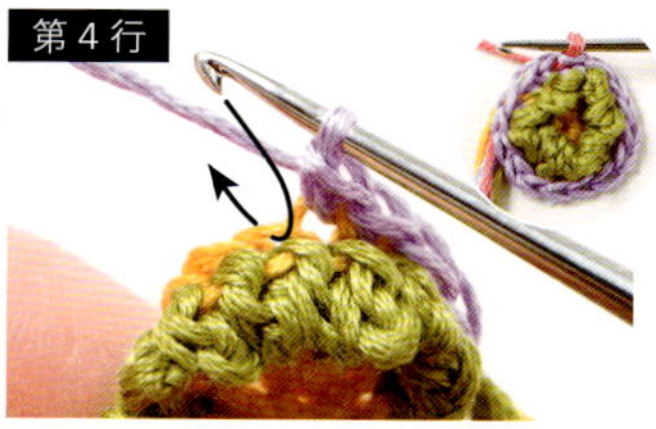

2 将第3行倒向前面，挑起第2行短针头部剩余的后面半针（1根线），钩织第4行。右上图为钩织好第4行的样子。

3 挑起第4行短针头部的前面半针（1根线），钩织第5行。继续钩织至第7行，然后1个1个钩织前侧花瓣。

4 钩织好1个前侧花瓣的样子。

5 依次在3个位置钩织第5～7行。钩织好3个花瓣的样子。

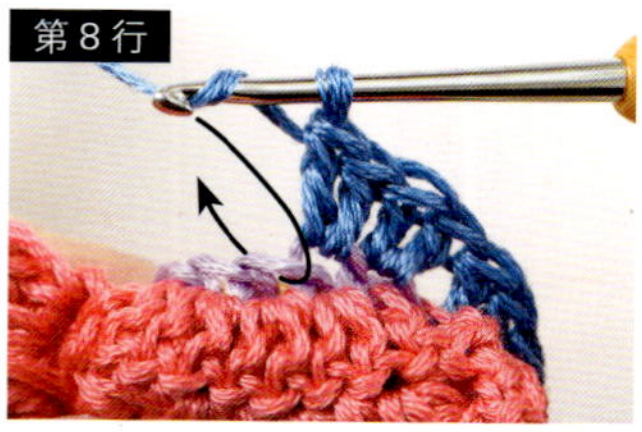

6 将前侧花瓣倒向前面，挑起第4行短针头部剩余的后面半针（1根线），钩织第8行。

7 钩织好第8行的样子。

8 继续，钩织至第10行。图中是钩织至第10行，后侧花瓣全部钩织好的样子。

・为了清晰易懂，线头替换成粉色进行说明

9 将花芯聚拢在一起。钩织完花芯的最后一行后，将钩织终点的线头留长一些，剪断。

10 将线头穿入手缝针中，依次挑起最后一行的全部针目。

11 将线头拉紧。右上图为拉紧后的样子。

12 用线头将聚拢后的花芯缝在虞美人的中心。图中是虞美人完成的样子。

※为了清晰易懂，替换了线的颜色和粗细进行说明

14、15 图片 ----- p.14、15 制作方法----- p.62

花片的连接方法（整束挑起连接位置的针目用引拔针连接）

1 将花片❷钩织至连接花片❶前的步骤。

2 在花片❶的连接位置，将钩针穿入锁针形成的环中。

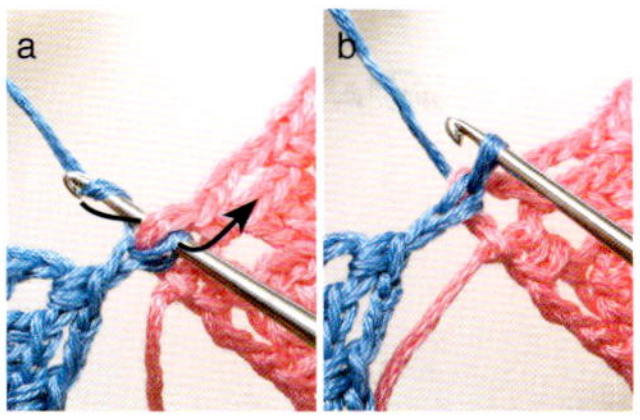

3 在针上挂线后引拔出（a）。引拔后，花片连接在了一起（b）。

4 按照编织图继续钩织。图中是花片连接好的样子。

花片的连接方法（在同一位置，用引拔针连接多个花片）

・此处用花片❶❷❺❻片进行说明

1 连接花片❺。将花片❺钩织至连接花片❶、❷前的步骤。在连接位置的引拔针的根部，将钩针如箭头所示插入前面2根线中。

2 在针上挂线后引拔出（a）。引拔后，3个花片连接在了一起（b）。

3 按照编织图继续钩织。图中是花片❺连接在花片❶、❷上的样子。

4 花片❻也按照与花片❺相同的方法连接。图中是4个花片连接好的样子。

20、21 图片----- p.20、21 制作方法-----p.66

4针长针的爆米花针（一边包住短针一边钩织）

1 这个作品用2根5号刺绣线（对齐的2根线，不是分股线）钩织。钩织至爆米花针之前，在针上挂线，如箭头所示在前面第2行的短针头部入针。

2 入针后的样子。继续钩织长针。

3 钩织好1针长针的样子（a）。继续，在同一针目中再钩织3针长针。b是钩织好3针长针的样子。

4 钩织好4针长针后，暂时将钩针从针目中抽出，再插入第1针长针的头部，然后插入抽出的针目中，如箭头所示引拔出。

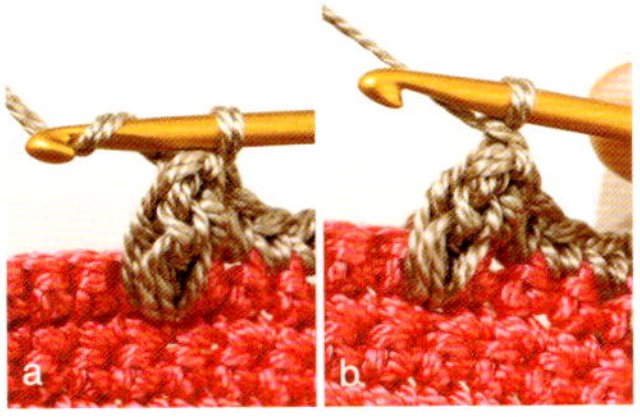

5 a是引拔后的样子。继续钩织1针锁针。4针长针的爆米花针完成（b）。

24、25、26 图片----- p.24、25 制作方法-----p.71

花片的缝合方法（卷针缝缝合）

1 在手缝针中穿线，将2个花片对齐，将针穿入二者的前面半针中。

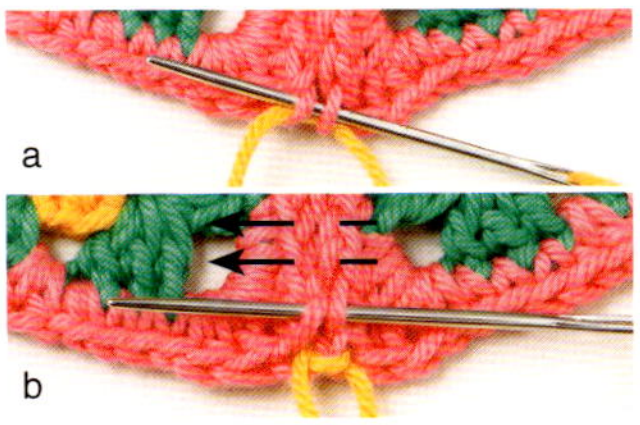

2 在同一针目中再穿1次针（a），从第2个针目开始，如箭头所示在每个针目中穿针1次（b）。

3 缝合多针后的样子。缝合终点的针目与缝合起点的相同，穿针2次。

27、28

图片 ----- p.26、27 制作方法----- p.74

编织花样的钩织方法

1 钩织锁针起针和 2 针起立针。如箭头所示，将线放在前面，针从后面挂线引拔。

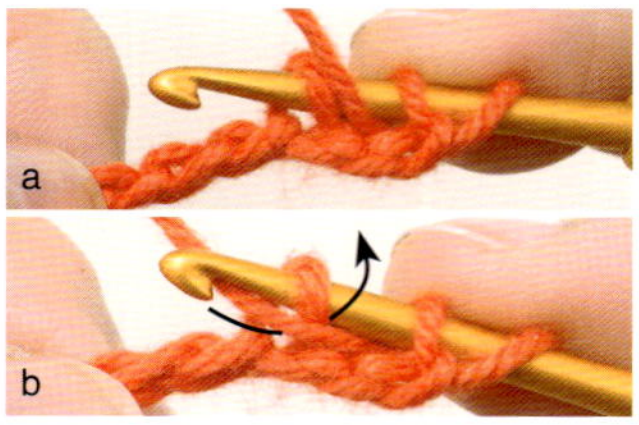

2 将针从后面插入起针的里山（a），将线向前面拉出（b）。

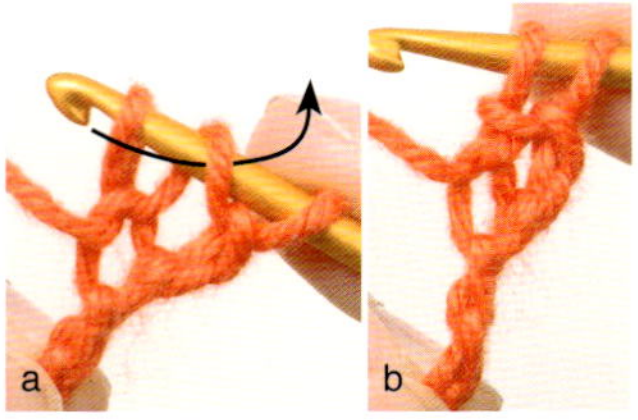

3 在针上挂线，沿着步骤 2-b 的箭头将线拉出，再如 3-a 的箭头所示拉出（b）。

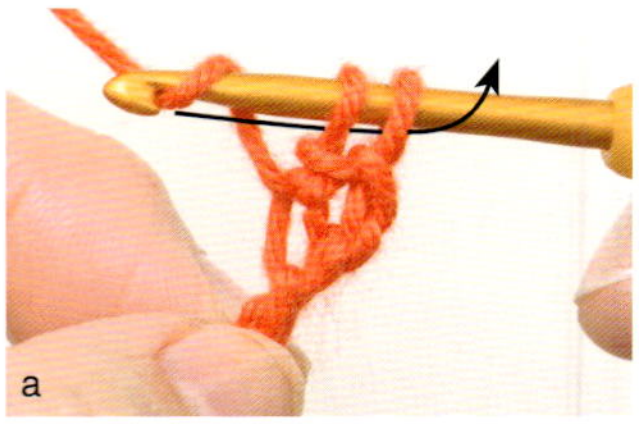

4 在针上挂线（a），引拔出（b）。1 针钩织完成。

5 一直钩织编织花样至左端。

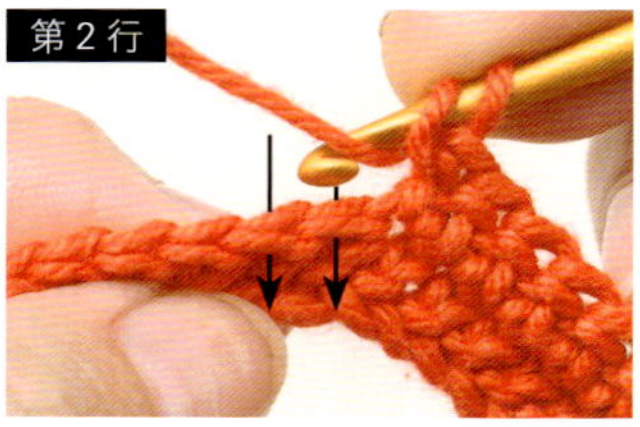

6 参考箭头，挑起前一行的针目继续钩织。

配色线的替换方法

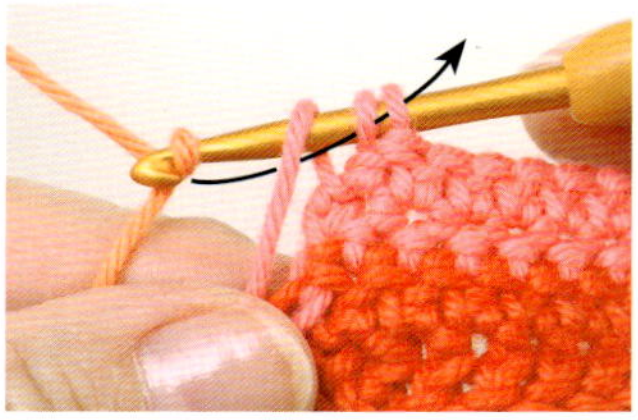

1 钩织编织花样至左端，钩织到最后一个针目至上方步骤 4 的状态后，将编织线挂在针上备用，将下一行的配色线挂在针尖上。

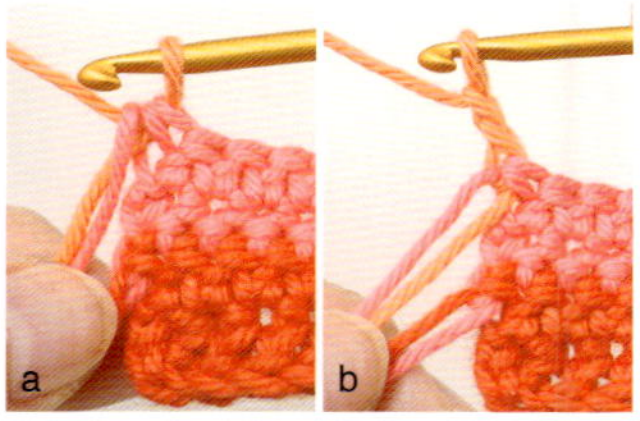

2 将针尖上的线引拔出。编织线替换成了配色线（a），继续钩织下一行立起的 2 针锁针（b），开始钩织下一行。

系绳的钩织方法（罗纹绳）

▶ = 线头一侧

1 参考 p.92 最初的针目的制作方法，用 A 色（粉色）线制作钩织起点的起针。

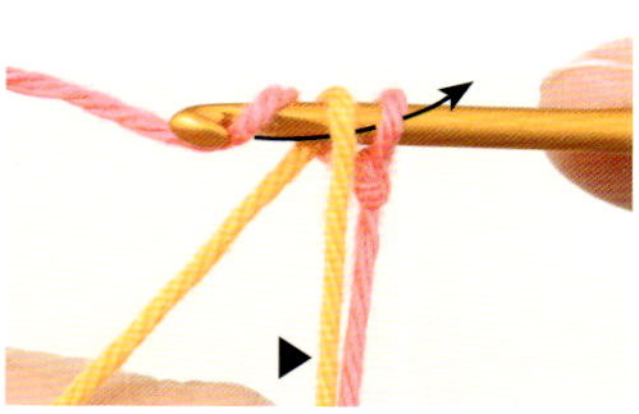

2 将 B 色（黄色）线挂在针上，再将粉色线挂在针尖上，如箭头所示引拔。

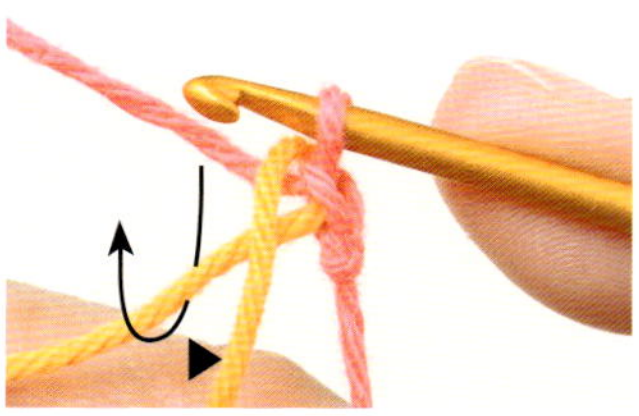

3 引拔后的样子。继续如箭头所示将黄色线挂在针上。

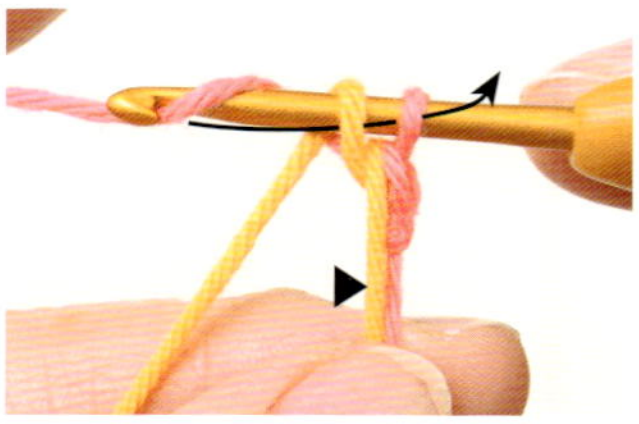

4 再次将粉色线挂在针上，如箭头所示一起引拔。

5 将针上的粉色线引拔后的样子。

6 重复步骤 3 ~ 5，继续钩织。

绳头装饰的钩织方法

1 从罗纹绳上用粉色线继续钩织立起的 3 针锁针。

2 在步骤 1 的箭头位置，钩织 5 针长针的枣形针。

3 钩织 3 针锁针作为起立针，在针上挂线，钩织 5 针长针的枣形针。

4 钩织好 5 针长针的枣形针的样子。

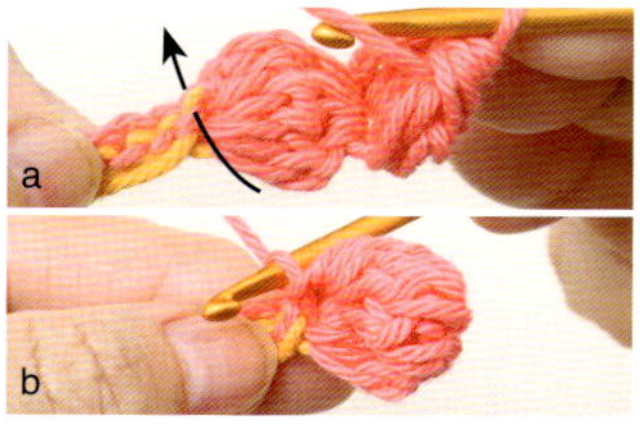

5 在 a 的箭头位置挂线引拔（b）。

6 从步骤 5-b 开始，继续在针上挂线引拔，最后剪断线头。

29 阿兰花样的钩织方法

图片 ----- p.28
制作方法----- p.76

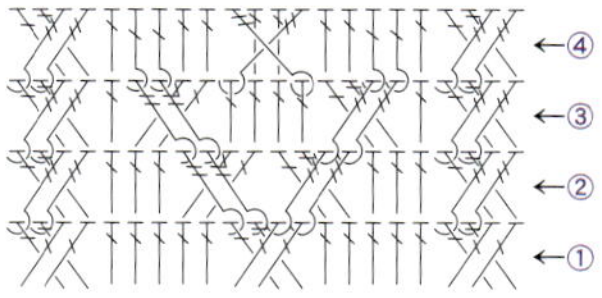

※ 为了清晰易懂，替换了线的颜色和粗细进行说明

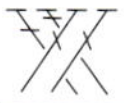 变形的2针长针的左上交叉

第 1 行

1 钩织至变形的 2 针长针的左上交叉前的样子。

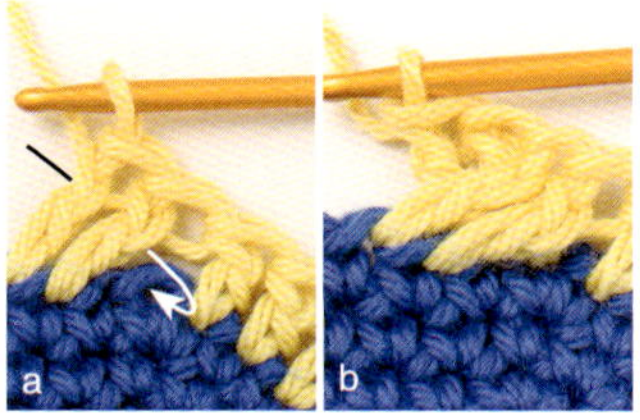

2 在步骤 1 的图示中针目 1、2 的位置钩织长针（a），从针目 1、2 的后侧入针，在针目 3、4 的位置钩织长针（b）。变形的 2 针长针的左上交叉钩织完成。

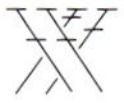 变形的2针长针的右上交叉

3 钩织至变形的 2 针长针的右上交叉前的样子。

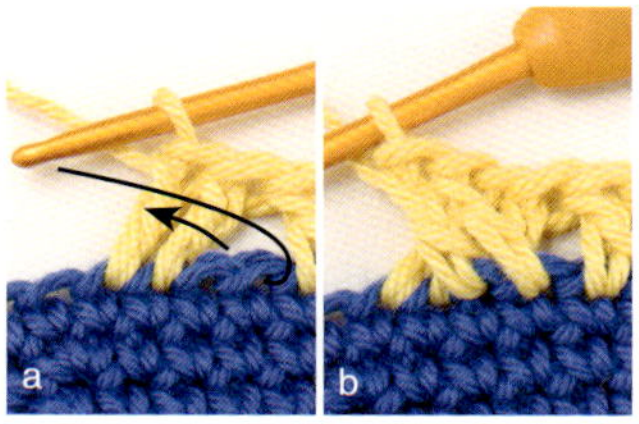

4 在步骤 3 的图示中针目 1、2 的位置钩织长针（a），从针目 1、2 的前侧入针，在针目 3、4 的位置钩织长针（b）。变形的 2 针长针的右上交叉钩织完成。

 变形的2针长长针的正拉针和2针长针的左上交叉

第 2 行

1 在针上挂 2 次线，在针目 2 中钩织长长针的正拉针。

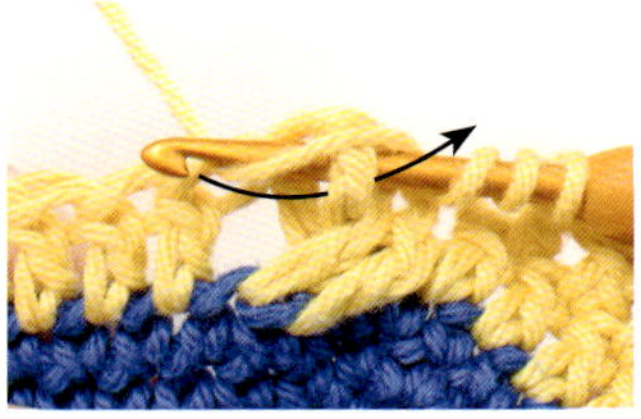

2 入针后的样子。如箭头所示拉出。

3 在针上挂线，如箭头所示拉出。

4 在针上挂线，如箭头所示拉出。

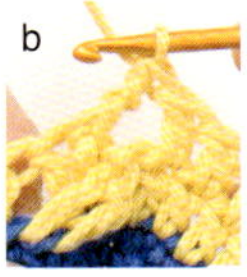

5 在针上挂线，如箭头所示引拔出（a）。长长针的正拉针钩织完成（b）。

6 在针目 1 中也钩织长长针的正拉针。在步骤 1 的针目 3、4 中，从长长针的正拉针的后侧，如箭头所示入针，钩织长针。

 变形的2针长针和2针长长针的正拉针的右上交叉

7 变形的 2 针长长针的正拉针和 2 针长针的左上交叉钩织完成。

8 在步骤 7 的针目 1、2 中钩织 2 针长针。图中是钩织好的样子。

9 在步骤 7 的针目 3、4 中，从 2 针长针的前面，按步骤 8 中的箭头方向入针，钩织长长针的正拉针。图中是钩织好的样子。

 变形的长长针的右上交叉（中间钩织2针长针）

第 4 行

10 在针上挂 2 次线，在针目 1 中钩织长长针的正拉针。

11 在针目 1 中钩织好长长针的正拉针后，依次在针目 2、3 中钩织长针。图中是钩织好的样子。继续在针上挂 2 次线，如箭头所示，挑起针目 4 的根部，钩织长长针的正拉针。

12 钩织好变形的长长针的右上交叉（中间钩织 2 针长针）的样子。

※ 为了清晰易懂，替换了线的颜色和粗细进行说明

39、40 图片 ----- p.38、39 制作方法----- p.89

将织片缝合在主体上

·用作品 39 进行说明

1 准备 2 个主体的织片、猫的织片（已缝合好头和身体）和长 12cm 的口金。在 2 个主体的织片上，在上、下侧的中心针目处做标记。

2 将猫的织片用珠针固定在主体织片的正面。

3 手缝针穿线，从猫的织片的背面入针，隐蔽地将其往返缝合在主体上。

4 从主体的织片和猫的织片最后一行的针目中出针。

5 按照平针缝的要领缝合。

6 耳朵的织片需要立起来，只缝合根部。

7 头部缝合过半后，塞入蓬松棉。

8 制作身体时，需要一边调整形状，一边少量塞入棉花。

9 填充完毕后缝合身体的下侧。

10 身体的下侧缝合好的样子。

11 较细的腿部部分，可使用钩针的手柄辅助塞入棉花。

12 填充完毕后，左腿缝合好的样子。

13 一边从左腿的上方向右腿塞入蓬松棉，一边缝合。

14 最后，将线穿出主体织片的背面，注意不要在正面露出，在织片上穿过数个针目，处理线头。

15 将猫的织片缝合在主体织片上的样子。

Material Guid

本书中使用的线材介绍

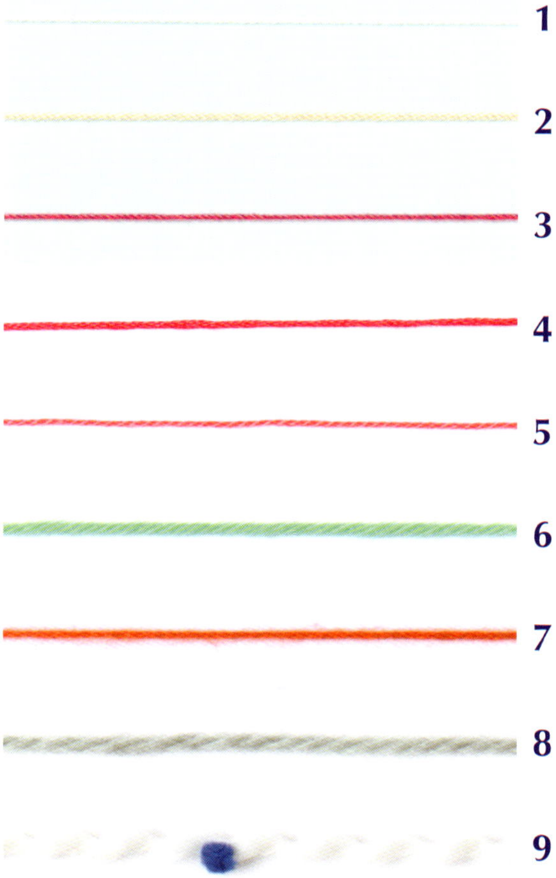

图中为实物粗细

OLYMPUS（奥林巴斯）制线株式会社

1 Emmy Grande
100% 棉、50g/ 团、约 218m、56 色、
0 号蕾丝针至 2/0 号钩针

2 Emmy Grande（Herbs）
100% 棉、20g/ 团、约 88m、18 色、
0 号蕾丝针至 2/0 号钩针

3 Emmy Grande（Colors）
100% 棉、10g/ 团、约 44m、35 色、
0 号蕾丝针至 2/0 号钩针

DMC 株式会社 DMC

4 25 号刺绣线
100% 棉、8m / 桄、500 色

5 5 号刺绣线
100% 棉、25m / 桄、313 色

6 Happy Cotton
100% 棉、20g / 团、约 43m、50 色、
5/0 号钩针

横田株式会社 DARUMA

7 小卷 Café Demi
70% 腈纶 30% 羊毛、5g / 团、约 19m、
30 色、2/0 至 3/0 号钩针

8 Merino 较粗
100% 羊毛（美利奴）、40g / 团、约 88m、
19 色、6/0 至 7/0 号钩针

9 PomPom Wool
99% 羊毛 1% 涤纶、30g / 团、约 42m、
11 色、8/0 至 9/0 号钩针

※ 线材一般按材质→规格→线长→色数→适合针号介绍。部分线色号不同，材质可能会有差异
※ 以上数据截止于 2023 年 2 月
※ 因为是印刷品，所以颜色可能存在少许色差

1、2

图片 -----p.4、5

[所需物品]

线 DMC 25号刺绣线

1 米色（613）…6.5束，浅绿色（320）、深绿色（367）、粉色（603）、深粉色（3805）、浅粉色（819）…各0.5束

2 象牙色（739）…6.5束，浅绿色（368）、深绿色（562）、浅蓝色（3756）、天蓝色（3760）、蓝绿色（3811）、蓝色（517）…各0.5束

针 0号蕾丝针

其他

1、2 拉链（约12cm）…1条

2 珍珠（直径约2mm）…5颗

[完成尺寸] 宽13cm×深8.5cm

[钩织方法]（※除指定操作外，均为**1、2** 通用的钩织方法）

1 钩织主体

底部钩织16针锁针起针，钩织4行短针，再钩织1行引拔针。继续钩织包身，参考p.49"包身的钩织方法'，一边加针一边钩织18行编织花样。

2 缝上拉链

在包身第14行的头部下方入针，缝上拉链。（参考p.41）

3 钩织各个部件

①需钩织玫瑰的花朵、叶子、花苞、萼片，并分别组合好（参考p.50"卷心玫瑰的组合方法"）。②需钩织花朵和叶子，并在蓝星花的中心缝上珍珠。

4 组合

参考各个部件的组合方法分别组合，再缝合在主体上。

1、2 主体 各1个

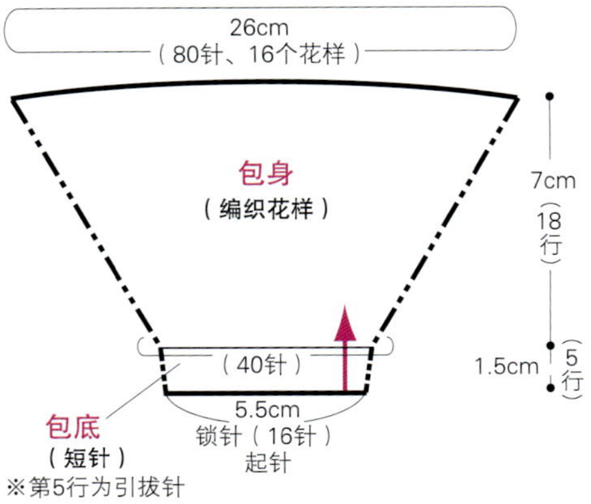

1、2 主体的组合方法

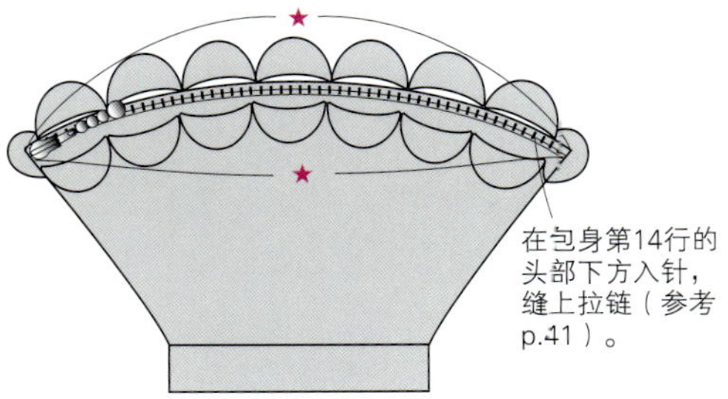

主体包身的针数

行数	针数	加针
16～18	16个花样	
12～15	80	
11	80	+10
10	70	
9	70	+10
8	60	
7	60	+6
6	54	
5	54	+6
4	48	
3	48	+8
2	40	
1	40	+4

1 组合方法

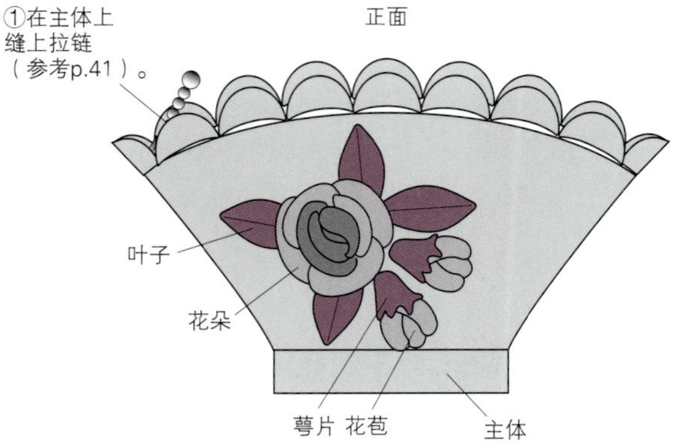

②将各个部件分别组合好后缝合在主体的正面。

2 组合方法

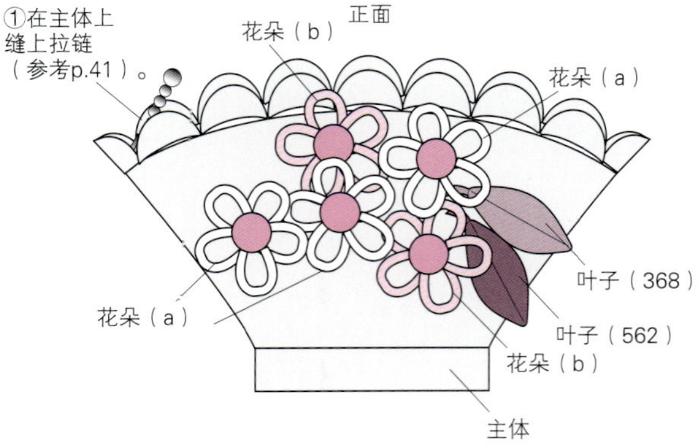

②将各个部件分别组合好后缝合在主体的正面。

1、2 主体 各1个

1 …613
2 …739

★…缝上拉链的位置

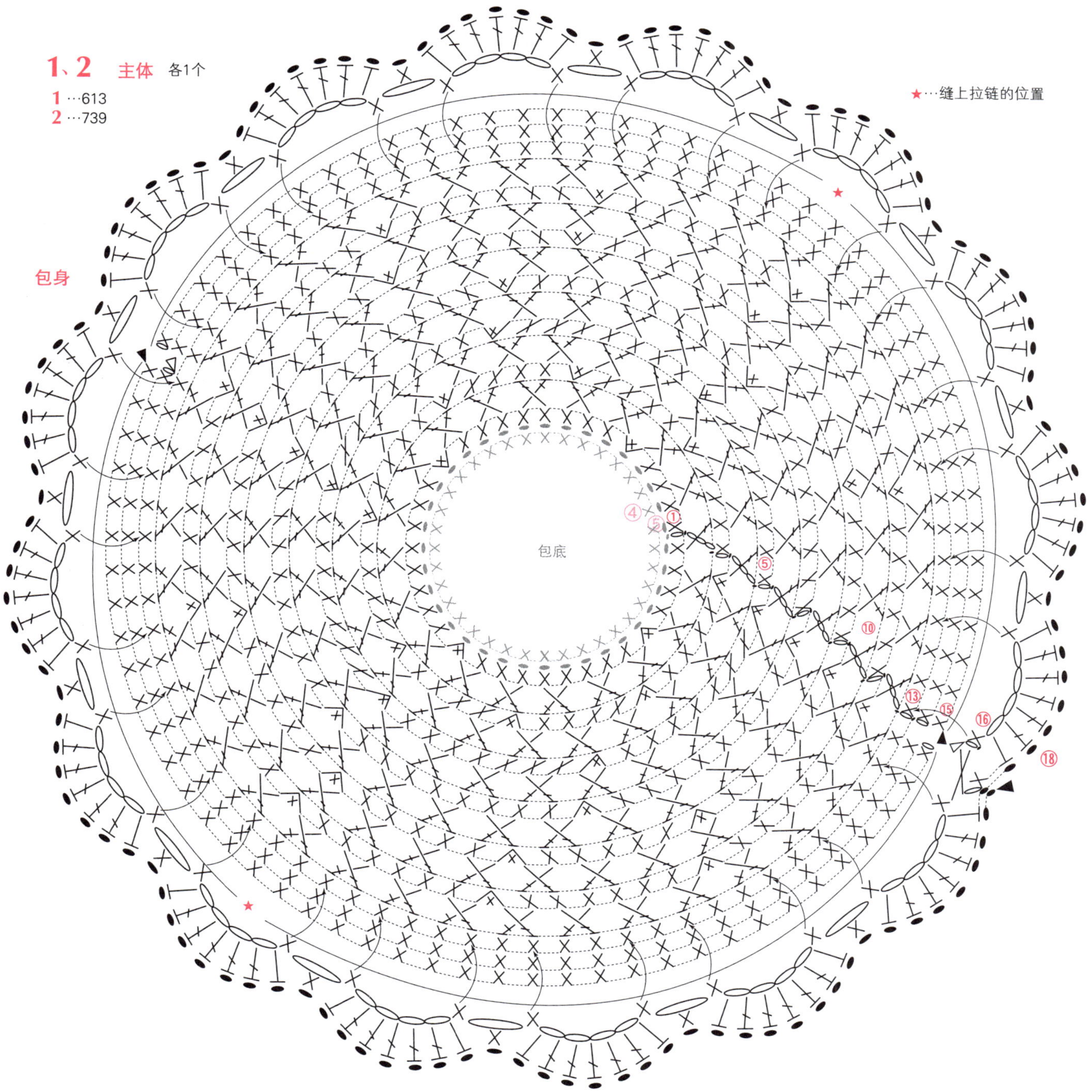

包身的钩织方法

第1行…挑起包底第4行短针头部钩织

第14、15行…第14、15行需一分为二钩织。先用钩织至此的线，挑起第13行短针头部的后面半针（1根线）钩织第14行的40针，再往返钩织第15行的40针。另一侧加新线，用相同的方法钩织第14、15行

第16行…加新线，挑起第13行短针头部剩余的前面半针（1根线）钩织

第17行…整束挑起第16行的锁针钩织

= 变形的长针右上1针交叉（参考 p.95）

包底

※钩织好包底后，继续钩织包身

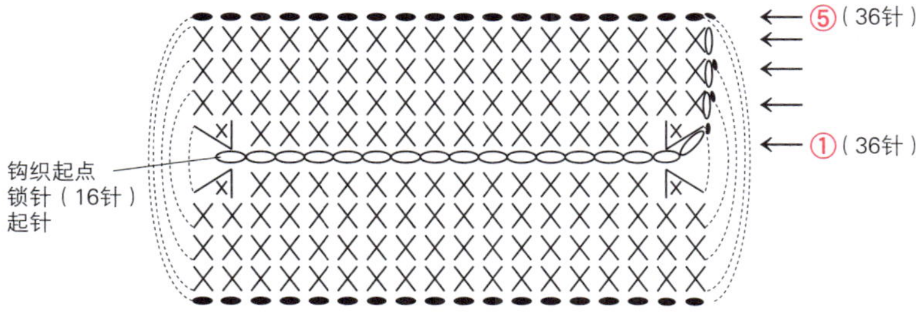

1 花朵 1个

花朵的配色

——（红线）	3805
——（黑线）	603

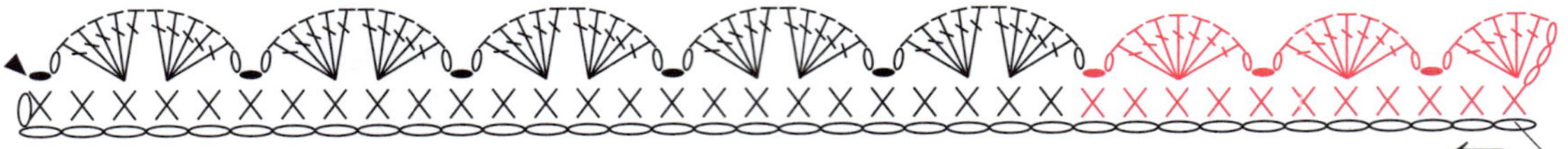

玫瑰花的组合方法

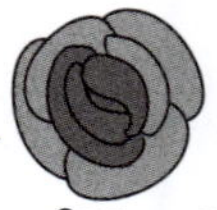

※一圈一圈卷起来，在底部缝合固定（参考此页下方卷心玫瑰的组合方法）

1 花苞 819…2个

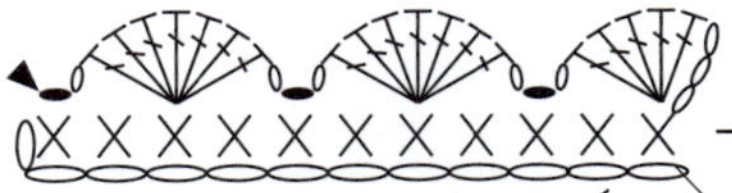

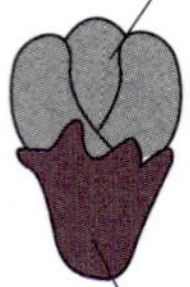

※先一圈一圈卷起来，再将组合好的花苞放入萼片中，缝合固定

1 萼片 320…2个

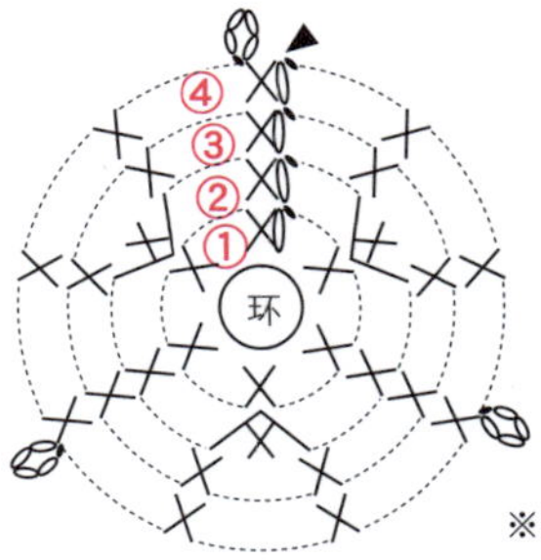

1 叶子 367…2个

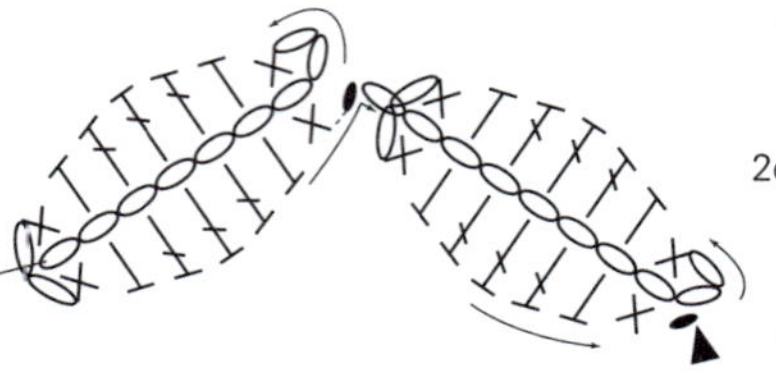

2 蓝星花

a…3个
b…2个

※在花朵中心缝上1颗珍珠

蓝星花的配色

	a	b
——（红线）第2行	3756	3811
——（黑线）第1行	3760	517

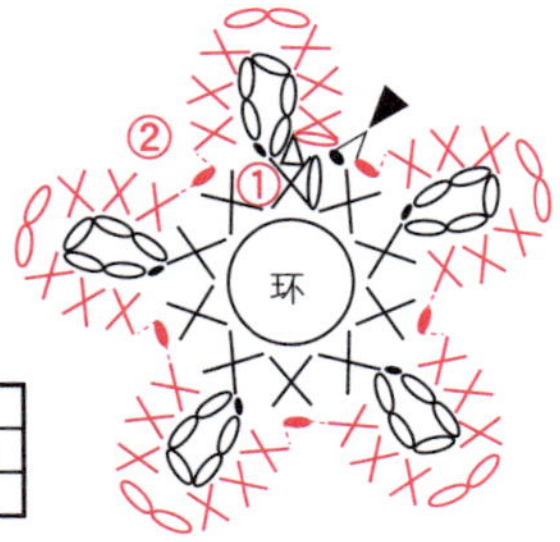

2 叶子 368、562…各1个

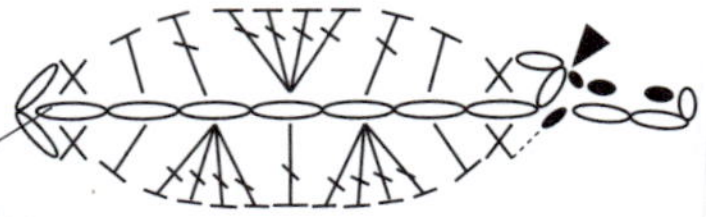

接p.51 **19 卷心玫瑰的钩织方法**

卷心玫瑰 3687、3688、3689 各1个 ※用0号蕾丝针钩织

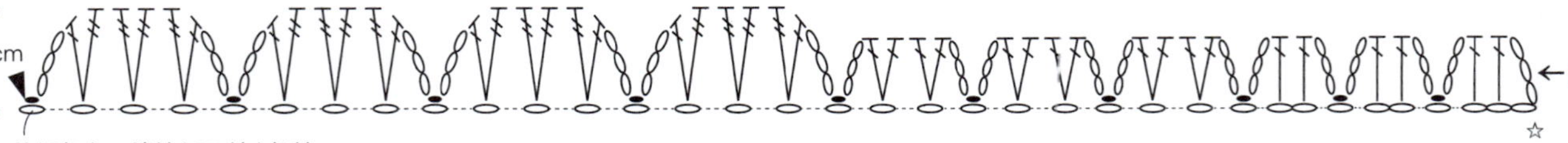

重点教程

19 图片 ----- p.18、19 制作方法 ----- p.51

卷心玫瑰的组合方法

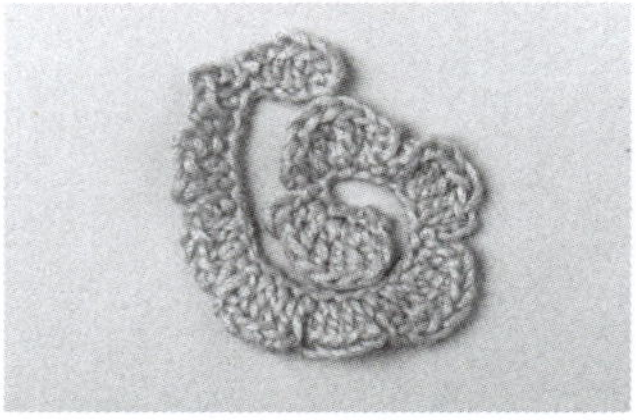

1 35针锁针起针，从上半针上挑针，按编织图钩织。

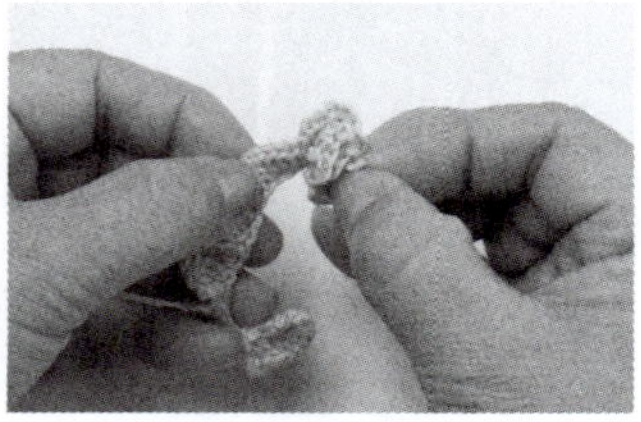

2 参照上图中卷心玫瑰的钩织方法，将花瓣的正面向上，从☆处开始向内侧卷起来。

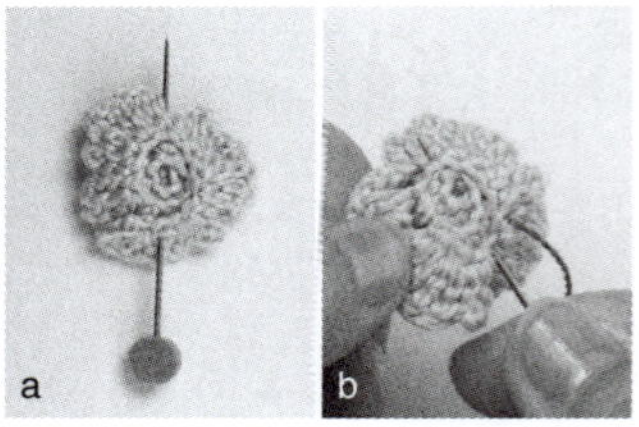

3 用珠针等暂时固定（a），将底部呈放射状缝合固定（ↄ）。

4 卷心玫瑰完成。

18、19

图片 ------ p.18、19　重点教程 **19** ------ p.50

[所需物品]

线　DMC

18　Happy Cotton　水蓝色(765)…16g、浅黄绿色(783)…10g、白色(761)…4g

19　Happy Cotton　白色(761)…17g、浅粉色(760)…7g，25号刺绣线/浅粉色(3689)、粉紫色(3688)、玫瑰色(3687)、绿色(3346)…各0.5束

针　Happy Cotton　5/0号钩针，25号刺绣线　0号蕾丝针

其他　纽扣(直径15mm)…各1颗

[完成尺寸] 参考图片

[钩织方法]

18

1　钩织主体

从中心开始环形钩织，钩织2个心形的织片。

2　组合

将主体反面相对，将第6行头部的锁针下方用平针缝缝合至止缝处，缝上纽扣，完成。

19　※卷心玫瑰的钩织方法和组合方法参考p.50

1　钩织主体和卷心玫瑰、叶子

从中心开始环形钩织，第1~5行用白色线钩织，第6、7行用浅粉色线钩织。卷心玫瑰、叶子分别钩织3个。

2　组合

将主体反面相对，将第6行头部的锁针下方用平针缝缝合至止缝处。玫瑰需参考p.50进行组合，再按照叶子、玫瑰的顺序缝合在主体上。

18、19 主体　2个

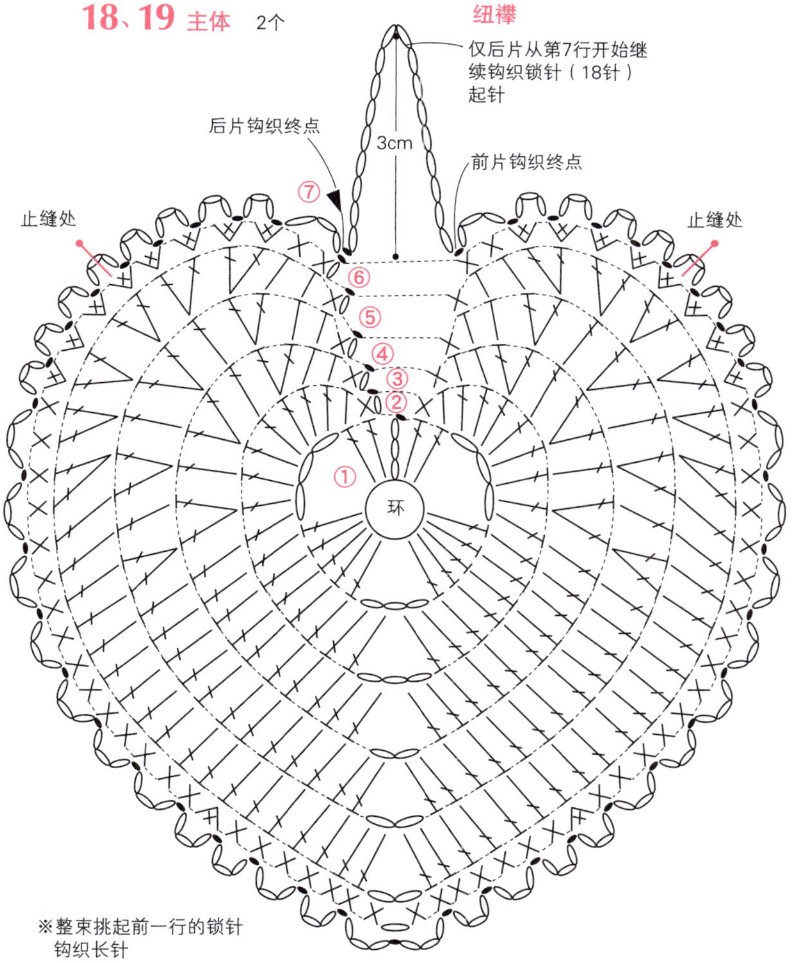

18、19
主体配色

行数	18	19
⑦(纽襻)	761	760
⑥	765	
⑤		761
④	783	
③		
②	765	
①		

18

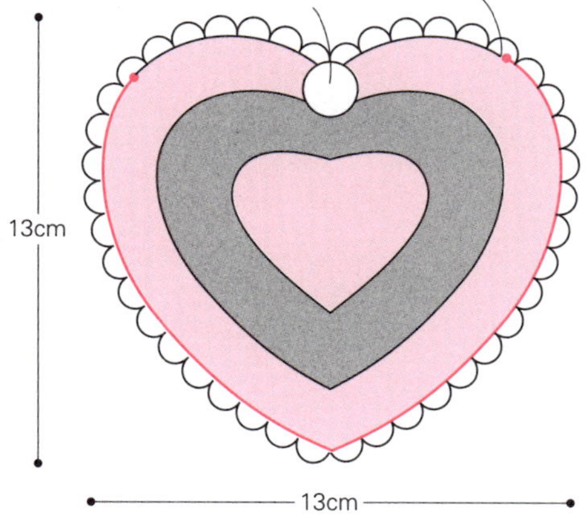

19

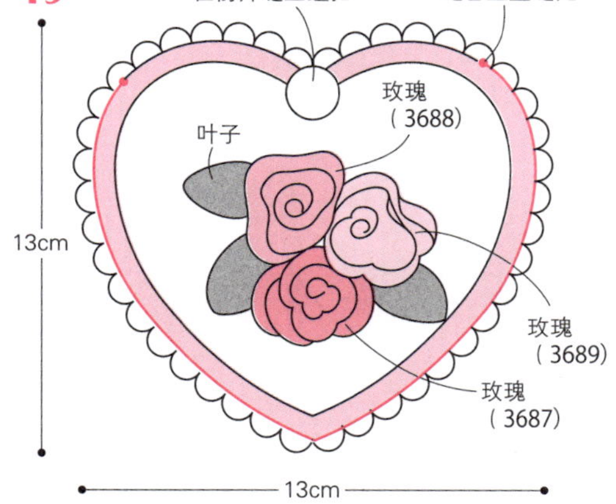

卷心玫瑰的钩织方法和组合方法参考p.50

19　叶子　3346　3个　※用0号蕾丝针钩织

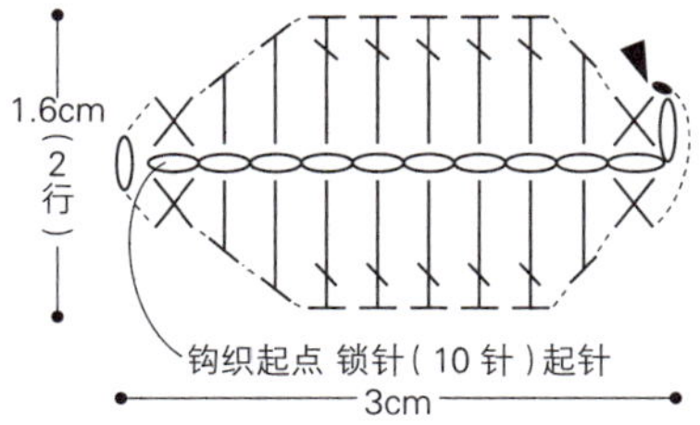

3、4、5、6

图片 -----p.6、7 重点教程 **5**、**6**-----p.42

[所需物品]

线 DMC 25号刺绣线

3 褐色(437)…7.5束，绿色(3346)…1.5束，黄色(743)…1束，红色(150)、浅粉色(3328)、深粉色(326)…各0.5束

4 紫色(3607)…7.5束，藏青色(823)…1.5束，浅蓝色(156)、深蓝色(336)、绿色(471)…各1束，黄色(726)、天蓝色(3840)…各0.5束

5 蓝色(823)…7.5束，绿色(3346)、白色(3865)…各1束，浅绿色(3347)、紫色(3607)、黄色(3820)…各0.5束

6 浅绿色(3348)…7.5束，橙色(741)…1.5束，草绿色(470)、深绿色(987)、黄色(743)…各0.5束

针 0号蕾丝针

其他 Hamanaka 包用口金(长约7.5cm，宽约4cm，古铜色/H207-008)…各1个

[完成尺寸]

直径9cm(仅主体)

[钩织方法](※除指定操作外，均为3~6通用的钩织方法)

1 钩织主体

主体环形起针，参考编织图，钩织10行编织花样。钩织至第10行后将线剪断，加新线，用短针的菱形针(两端各除外3针)往返钩织侧边(第11~14行)。钩织2个。

2 钩织各个部件

3需参考编织图，钩织雏菊和叶子。4需参考编织图，钩织三色堇和叶子。5需参考编织图，钩织波斯菊(参考p.42)和茎、枝条A、枝条B。6需参考编织图，钩织虞美人、花芯(参考p.42)和叶子、茎。

3 缝合主体

将主体的★处正面向内对齐，用卷针缝缝合在一起(参考p.84)。

4 将各个部件缝在主体上

将在步骤2中钩织好的各个部件，参考组合方法，分别缝在主体表面的适当位置上。

5 缝合口金

参考主体的缝合方法，将口金缝在主体的★处(参考p.40)。

3、4、5、6
组合方法

※用分股线(参考p.40)将各个部件缝在主体表面的适当位置上

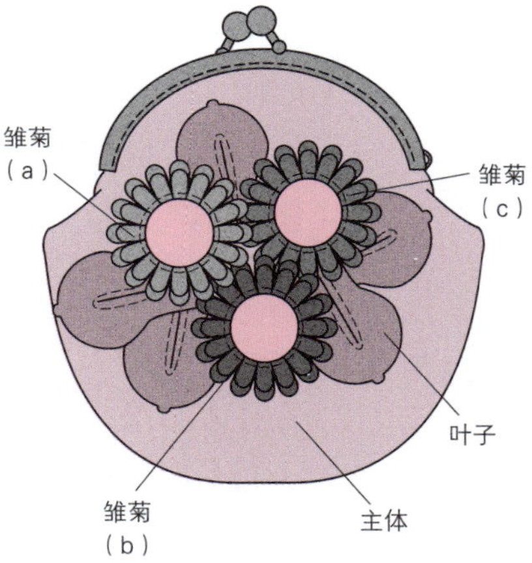

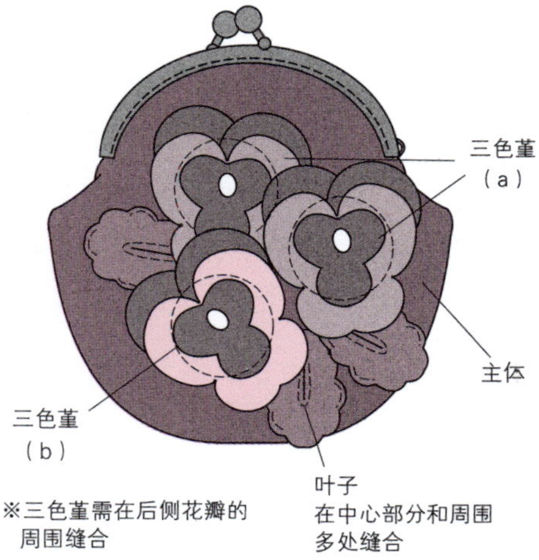

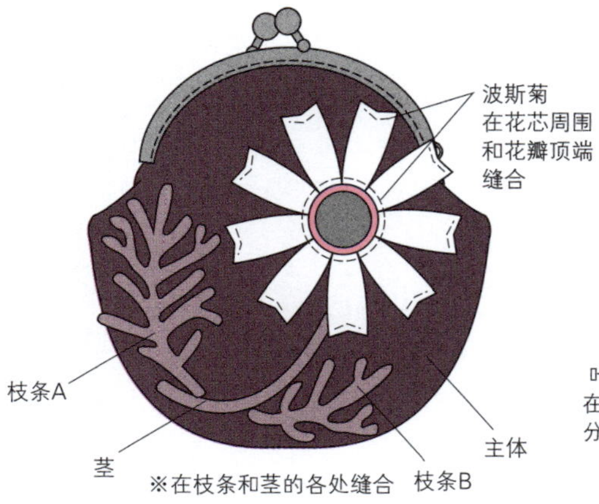

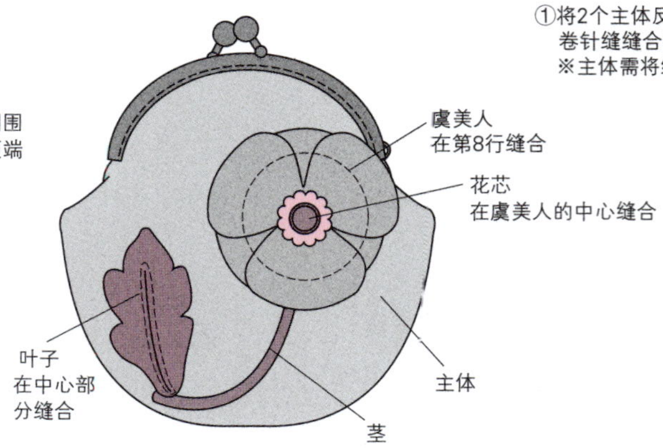

3、4、5、6
主体的缝合方法

※口金的缝合方法参考p.40

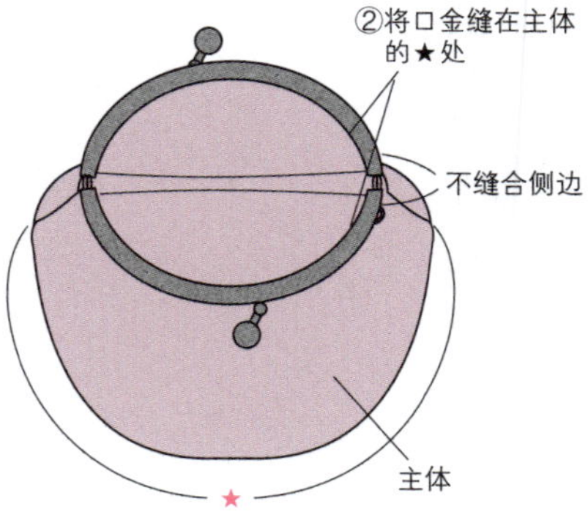

①将2个主体反面相对，将★处用卷针缝缝合在一起(参考p.84)
※主体需将织片的背面作为正面使用

3、4、5、6
主体

3 …437
4 …3607
5 …823
6 …3348
各2个

X ＝短针的菱形针（参考p.95）

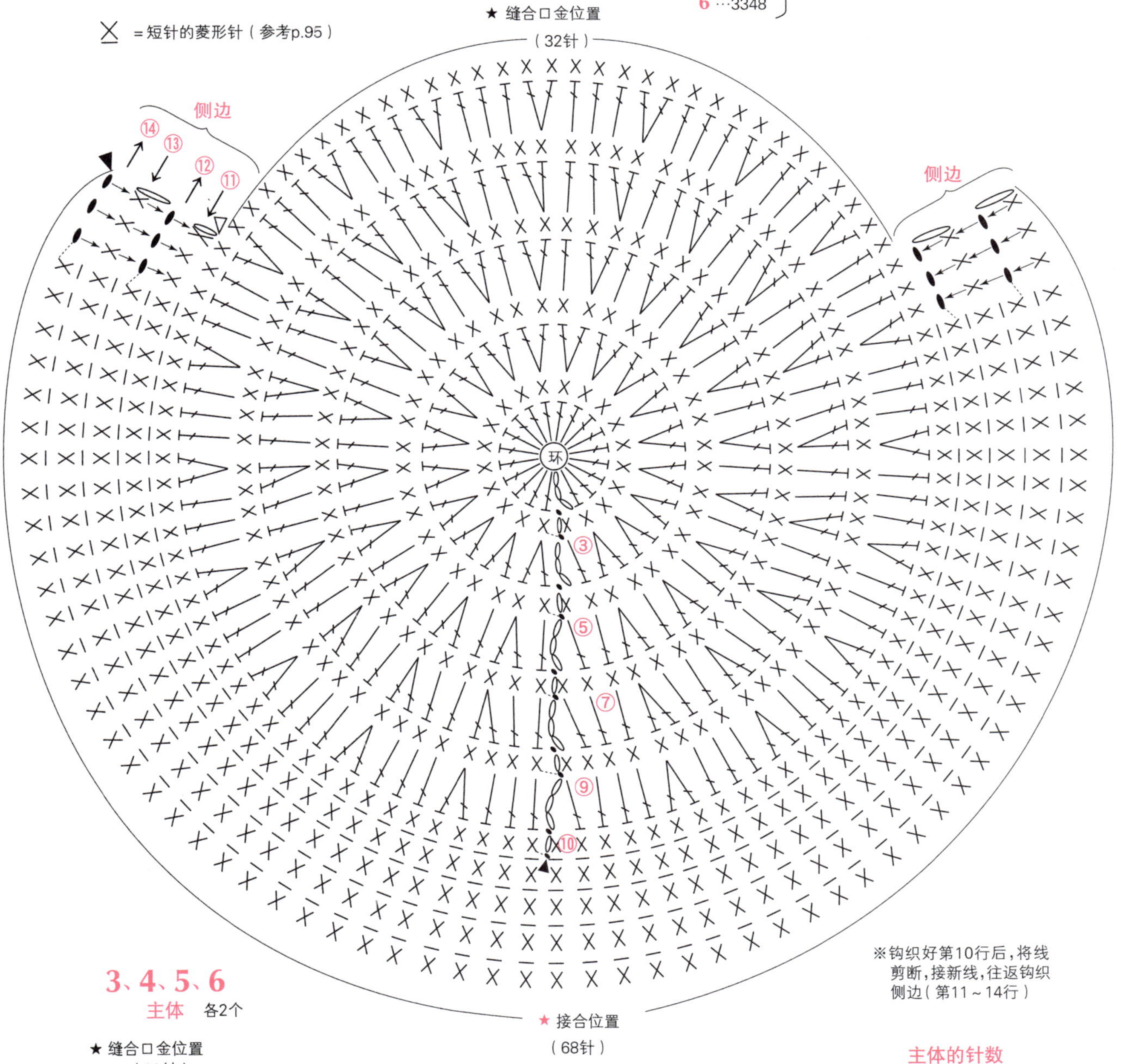

※钩织好第10行后，将线剪断，接新线，往返钩织侧边（第11～14行）

3、4、5、6
主体　各2个

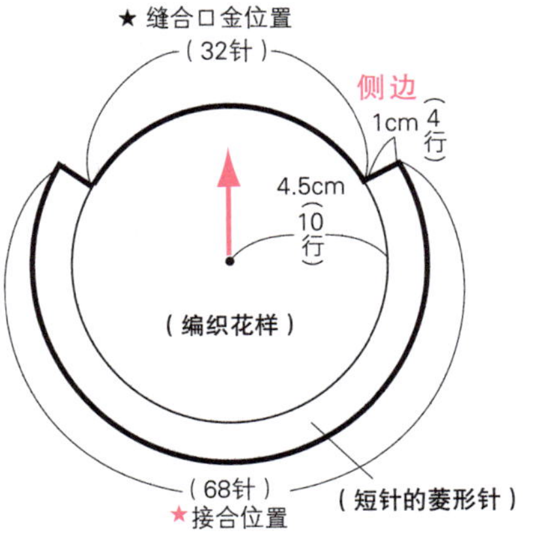

主体的针数

行数	针数	加减针
12～14	68	
11	68	－32
10	100	
9	100	＋20
8	80	
7	80	＋20
6	60	
5	60	＋20
4	40	
3	40	＋20
2	20	
1	20	

3 雏菊

a、b、c…各1个

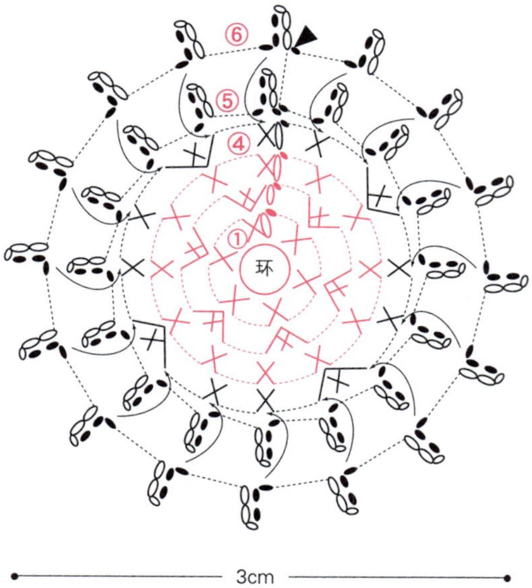

雏菊的钩织方法

①钩织至第2行，钩织1个（花芯后片）
②钩织至第3行，钩织1个（花芯前片）
③将花芯的前后片反面相对对齐，将花芯前片放在前面，将二者最后一行的后面半针（1根线）一起挑起，钩织第4行
※参考p.42波斯菊第4行的钩织方法，按照相同的要领钩织
④挑起第4行短针头部的前面半针（1根线），钩织第5行
⑤挑起第4行短针头部剩余的后面半针（1根线），钩织第6行

雏菊的配色

	a	b	c
——（第4～6行）	3328	150	326
——（第1～3行）	743	743	743

3 叶子 3346…5个

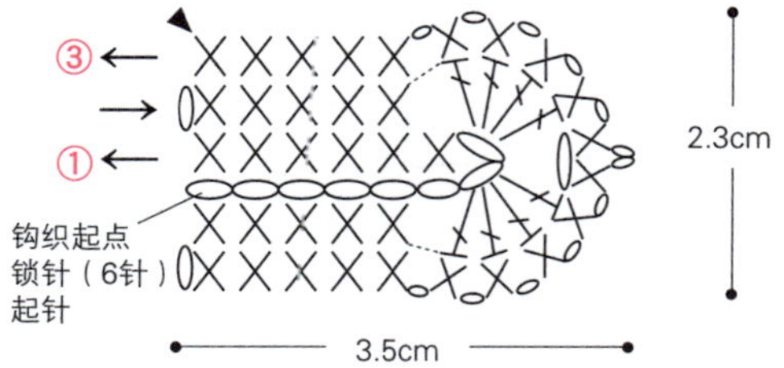

4 三色堇

a…2个 b…1个

第1～4行

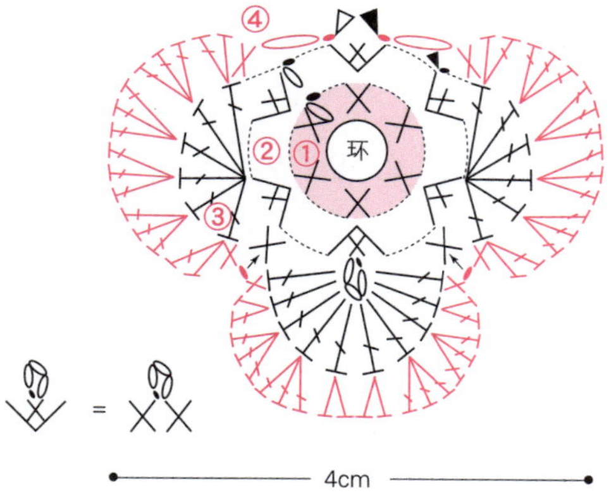

※继续钩织第5行

三色堇的钩织方法

第2行…挑起第1行短针头部的前面半针（1根线）钩织
第5行…挑起第1行短针头部剩余的后面半针（1根线）钩织
第7、9行…整束挑起第6行3针锁针的狗牙拉针的锁针线圈钩织
※第7、8行的花瓣和第9、10行的花瓣需分开钩织。先用钩织至第6行的线往返钩织第7、8行，将线剪断。再在第6行加新线钩织第9行，继续钩织至第10行
※全部钩织好后，后侧花瓣的 ⊗ 需分别缝合在另一侧花瓣的中心（3针锁针的狗牙拉针的根部）

三色堇的配色

	a	b
——（第4行）	156	3840
——（第2、3、5行～第10行）	823	336
——（第1行）	726	726

第5～10行

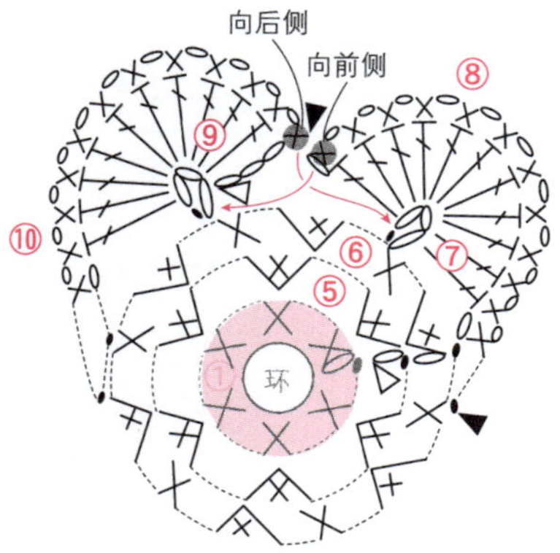

4 叶子 471…3个

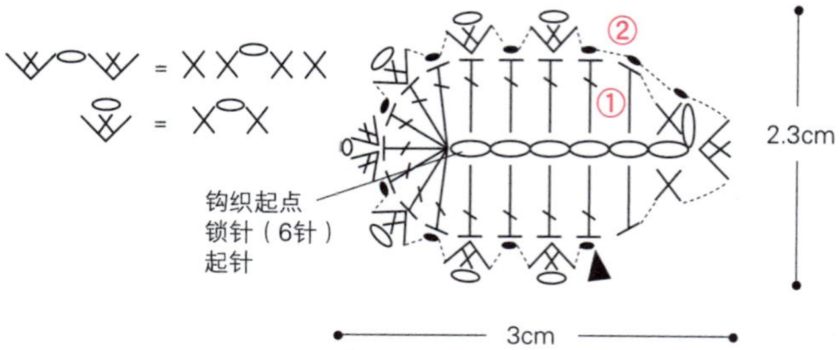

5 波斯菊 1个

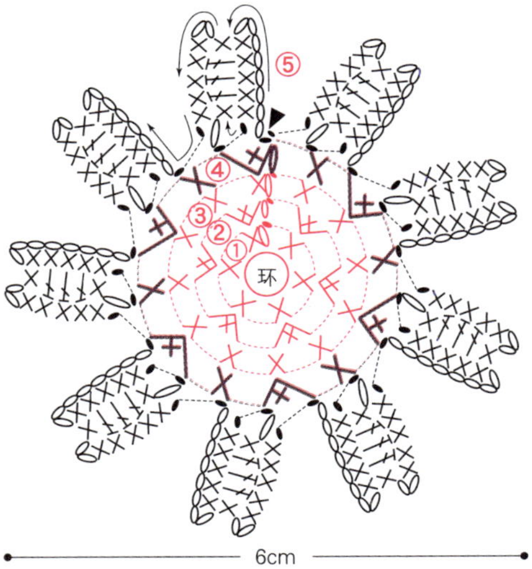

波斯菊的配色

——（第5行）	3865
——（第4行）	3607
——（第1～3行）	3820

波斯菊的钩织方法

①钩织至第2行，钩织1个（花芯后片）
②钩织至第3行，钩织1个（花芯前片）
③将花芯前后片反面相对对齐，将花芯前片放在前面，将二者最后一行的后面半针（1根线）一起挑起，钩织第4行（参考p.42）

5 茎 3347…1个

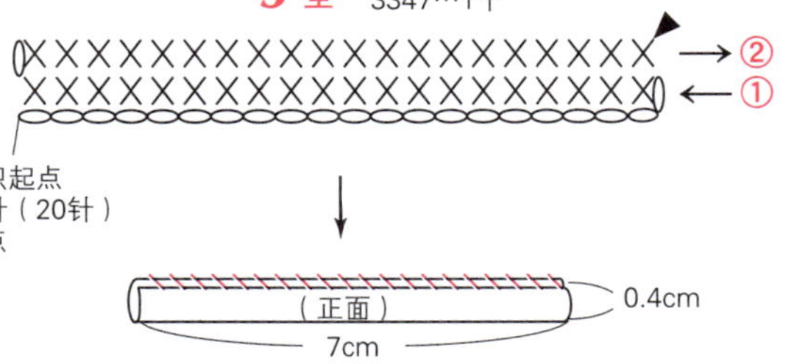

※在起针的锁针和第2行的头部挑针，做卷针缝缝合（参考p.84）

5 枝条A 3346…1个

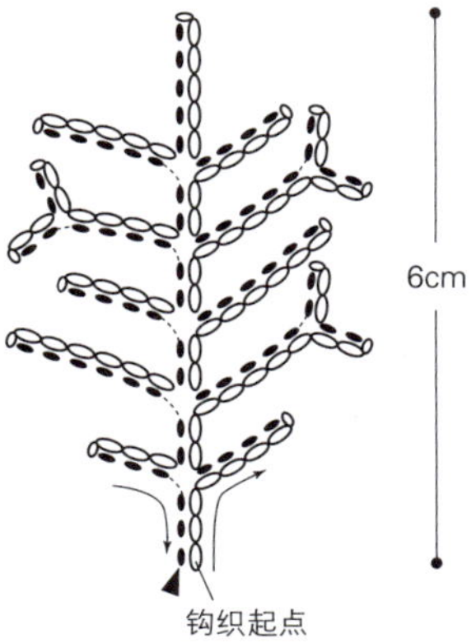

5 枝条B 3346…1个

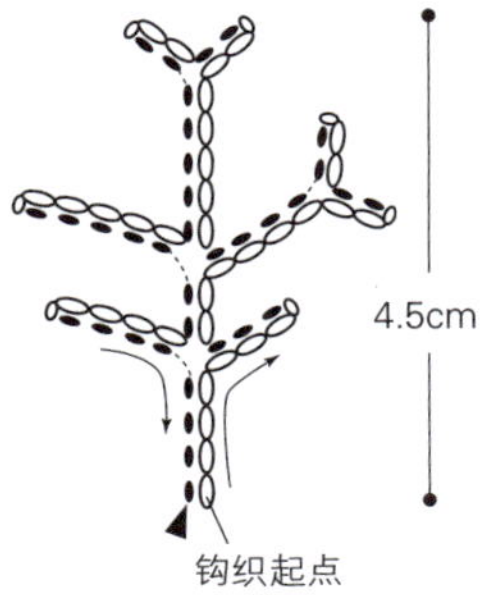

6 虞美人 1个

虞美人的配色

——（第4～10行）	741
——（第1～3行）	743

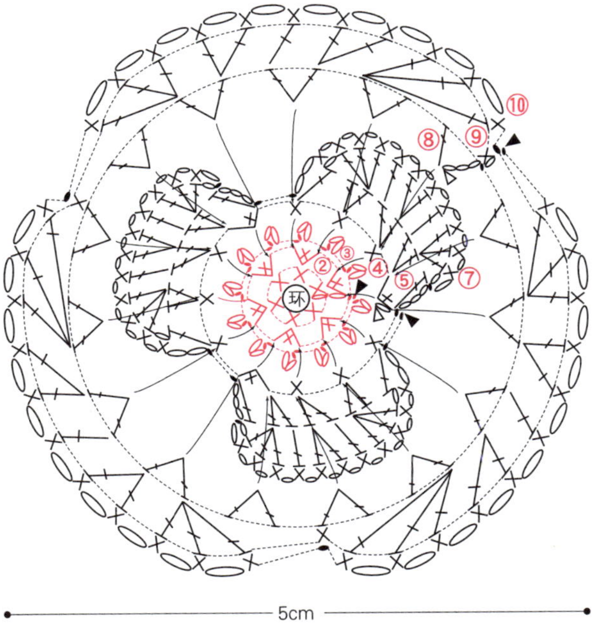

虞美人的钩织方法（参考p.42）

第3行…挑起第2行短针头部的前面半针（1根线）钩织
第4行…将第3行倒向前面，挑起第2行短针头部剩余的后面半针（1根线）钩织
第5行…挑起第4行短针头部的前面半针（1根线）钩织
第6行…将花片倒向前面，挑起第4行短针头部剩余的后面半针（1根线）钩织

6 花芯 1个

※将线穿入第2行的头部后拉紧，收拢花芯，缝在虞美人的中心（参考p.42）

虞美人花芯的配色

——（第2行）	987
——（第1行）	743

6 叶子 987…1个

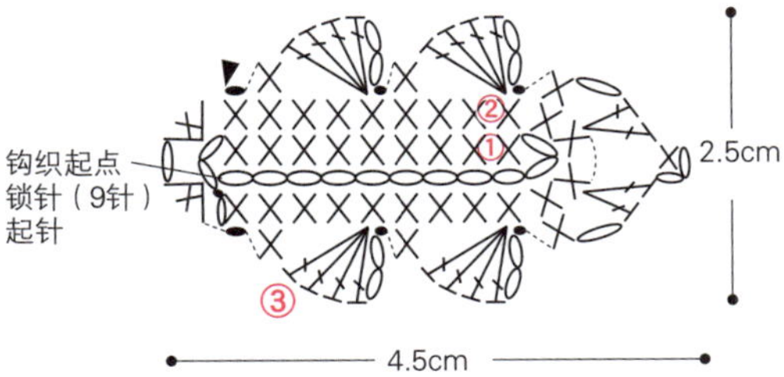

6 茎 470…1个

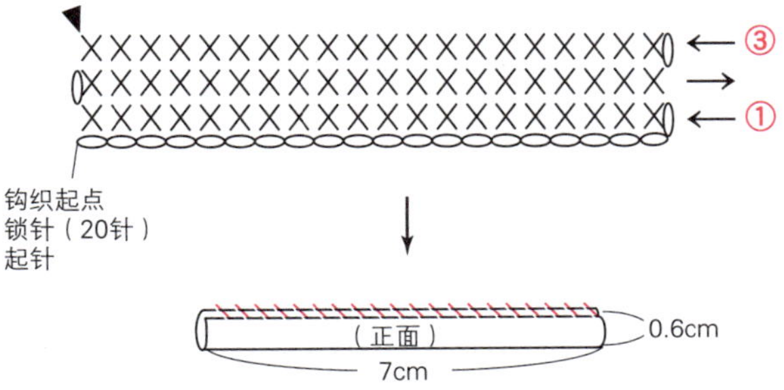

※在起针的锁针和第3行的头部挑针，做卷针缝缝合（参考p.84）

7、8

图片 -----p.8、9

[所需物品]

线　DMC　25号刺绣线

7　墨绿色（3847）…5束，橘色（721）、橘红色（3825）、黄色（744）、浅粉色（894）、深粉色（3705）、樱花粉色（3706）、蓝绿色（958）、浅绿色（966）、白色（3865）…各1束

8　深灰色（413）…5束，蓝灰色（414）、浅灰色（3024）、紫色（3743）、蓝色（3756）、浅黄色（3823）、白色（BLANC）、米白色（3866）、银色金属线（E168）…各1束

针　2/0号钩针

其他

7　Hamanaka 包用口金（长约7.5cm，宽约4cm）/古铜色（H207-008）…1组

8　Hamanaka 包用口金（长约7.5cm，宽约4cm）/亚银色（H207-004-3）…1组

[完成尺寸] 直径8cm（仅主体）

[钩织方法]（※7、8通用的钩织方法）

1　钩织主体

主体用环形起针，参考编织图，钩织13行短针的条纹针，剩余的1行钩织45针。钩织2个。

2　钩织花朵

花朵用环形起针，参考编织图钩织1行。将各个颜色的花朵钩织所需的数量，在中心刺绣法式结粒绣。

4　缝合主体

将2个主体★处的外侧半针对齐后挑针做引拔接合（参考p.84）。

3　将花朵缝在包身的前后片上

参考包身（前后片）的花朵配置图，将花朵缝在主体上。

5　将花朵缝在底部

参考底部（★）的花朵配置图，将花朵缝在主体的底部。

6　缝合口金

将口金缝在主体的★部分（参考p.40）。

7、8 花朵　37个

※数量、配色参考“花朵的配色、数量”

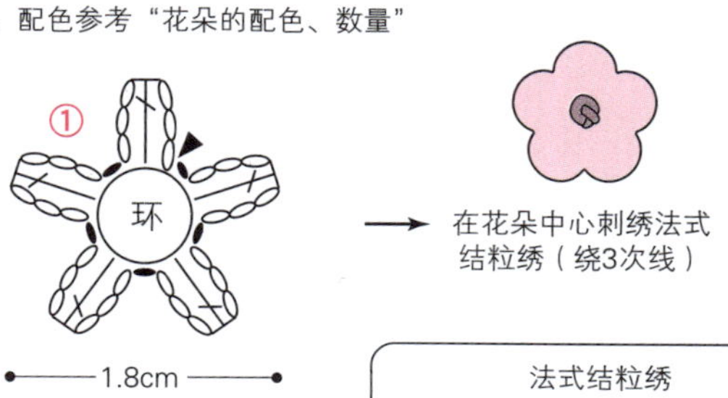

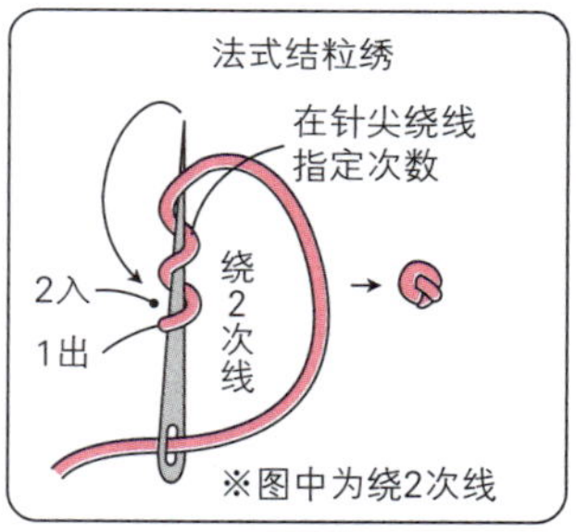

7 花朵的配色、数量

序号	色号	片数
ⓘ	3705	3片
ⓗ	958	3片
ⓖ	721	3片
ⓕ	966	4片
ⓔ	3865	4片
ⓓ	3706	4片
ⓒ	744	5片
ⓑ	894	5片
ⓐ	3825	6片

8 花朵的配色、数量

序号	色号	片数
ⓠ	E168	2片
ⓟ	3024	4片
ⓞ	414	4片
ⓝ	3866	5片
ⓜ	3823	5片
ⓛ	3743	5片
ⓚ	3756	6片
ⓙ	BLANC	6片

※法式结粒绣的颜色参考花朵的配置图

7 花朵配置图

包身（前后片）

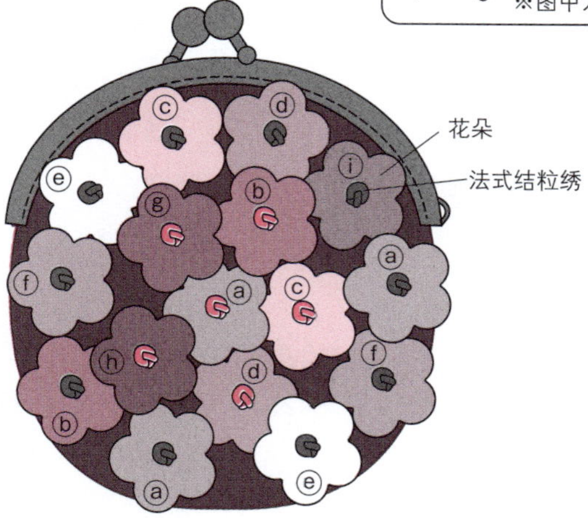

底部（★）的花朵配置图

法式结粒绣
…966
…958

※需先将包身的前后片引拔接合后，再将花朵缝在表面上

8 花朵配置图

包身（前后片）

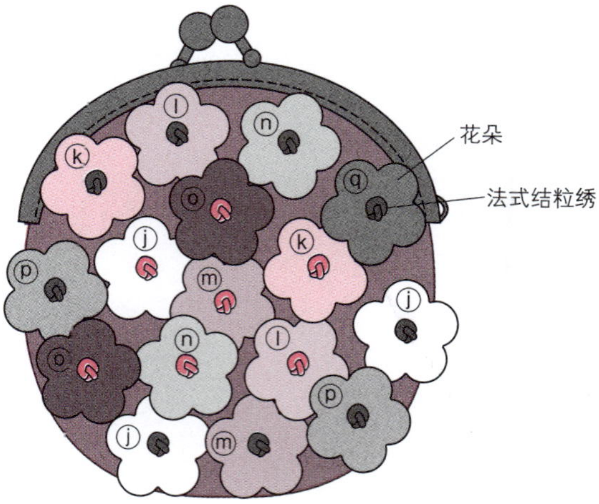

底部（★）的花朵配置图

法式结粒绣
…E168
…414

※需先将包身的前后片引拔接合后，再将花朵缝在表面上

7、8 组合方法

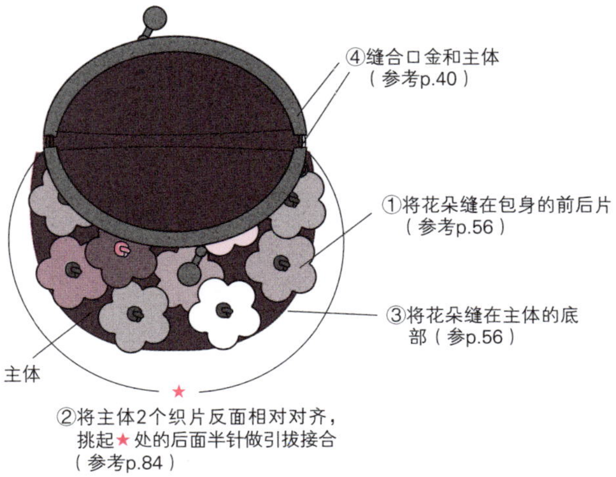

7、8 主体

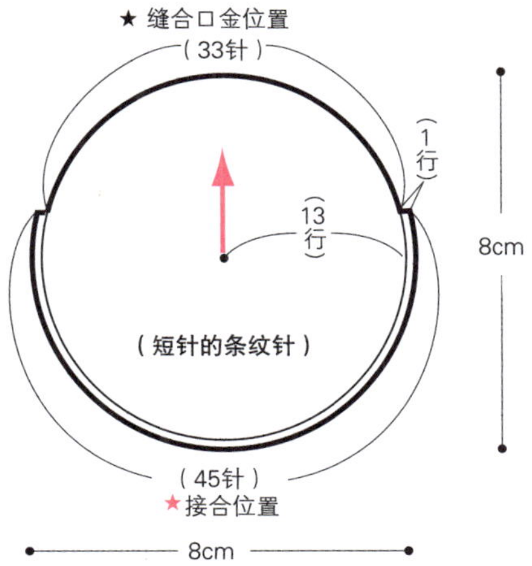

7、8

主体 各2个

7 …3847
8 …413

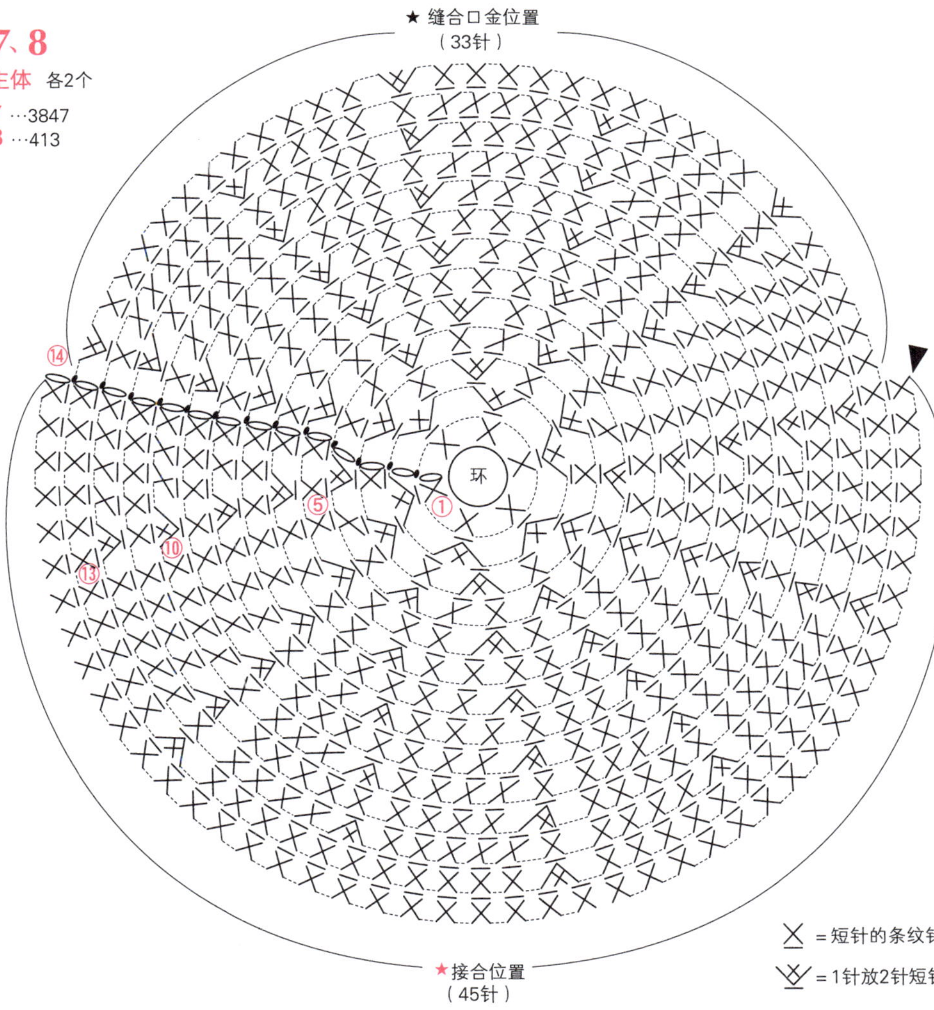

= 短针的条纹针（参考p.94）

= 1针放2针短针的条纹针

主体的针数

行数	针数	加针
14	45	
13	78	+6
12	72	+6
11	66	+6
10	60	+6
9	54	+6
8	48	+6
7	42	+6
6	36	+6
5	30	+6
4	24	+6
3	18	+6
2	12	+6
1	6	

9、10、11

图片 -----p.10、11

[所需物品]

线 DMC 25号刺绣线

9 水蓝色（162）…9.5束、黄色（728）…2束、油绿色（699）…1束

10 浅粉色（225）…9.5束，墨绿色（561）、黄色系渐变色（90）…各1.5束，橘黄色（725）、橙色（742）…各0.5束

11 浅黄绿色（369）…9.5束，草绿色（701）、白色（BLANC）…各1.5束

针 0号蕾丝针

[完成尺寸]

宽13cm，高9cm（仅主体）

[钩织方法]（※除指定操作外，均为**9、10、11**通用的钩织方法）

1 钩织包底、包身

包底用环形起针，参考编织图，钩织5行编织花样，继续钩织包身的10行编织花样。

2 钩织边缘编织

在主体的开口处钩织2圈。

3 钩织各部件

9需钩织蒲公英花（大）、叶子、花苞、萼片、茎、系绳，制作流苏。**10**需钩织蒲公英花（大）、蒲公英花（小）、叶子、系绳，制作流苏。**11**需钩织白车轴草、三叶草、系绳，制作流苏。

4 组合

参考组合方法，将各个部件缝在主体上。

9、10 叶子

9 699…2个
10 561…4个

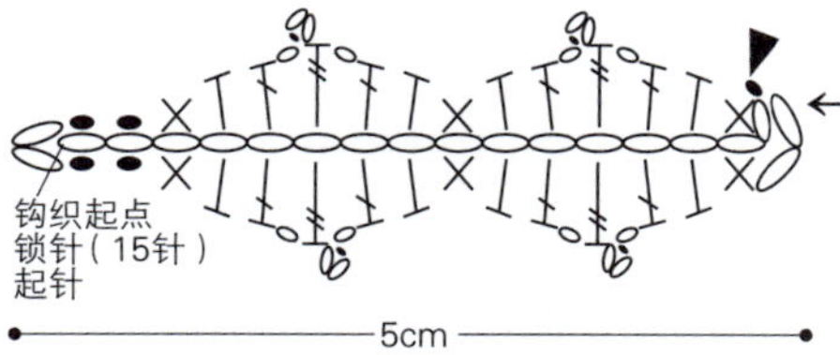

9、10、11 系绳 各2根

9 …162
10 …225
11 …369

（罗纹绳）

※罗纹绳的钩织方法参考p.44 系绳的钩织方法

9、10 蒲公英花（大）各2个

9 …728
10 …90

= 将前一行的锁针线圈倒向前面，在前面第2行的后面半针上钩织（蒲公英花、白车轴草通用）

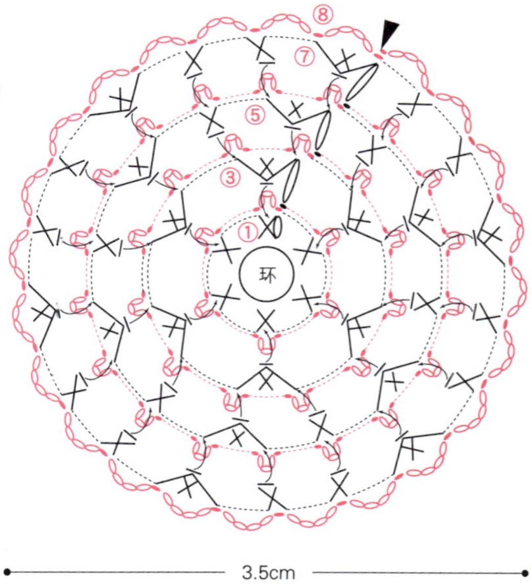

9 花苞

728…2个

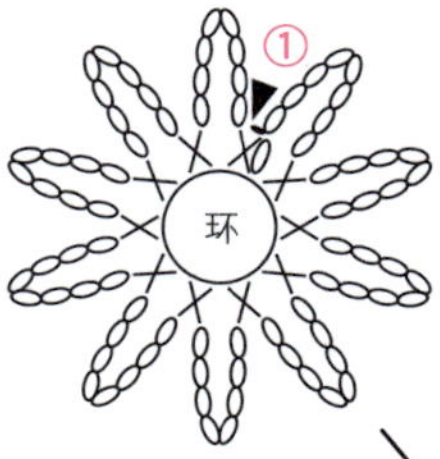

9 萼片

699…2个

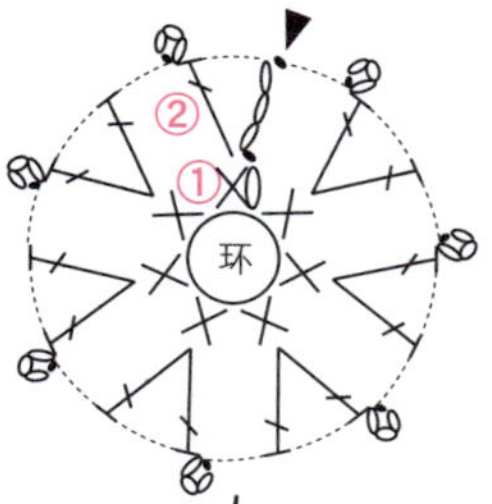

9 茎

699…2根

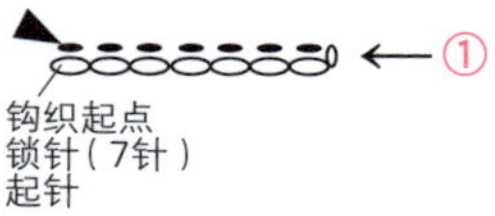

花苞的组合方法

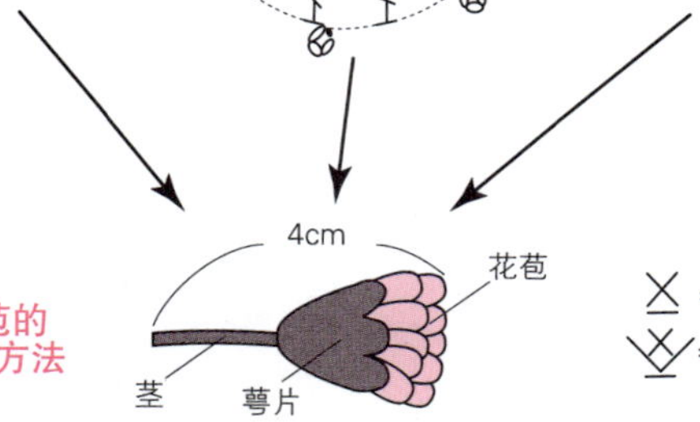

①将茎缝在萼片中心
②花苞需插入萼片中并缝合固定

= 短针的条纹针（参考p.94）
= 钩织2针短针的条纹针

10 蒲公英花（小）

725、742…各1个

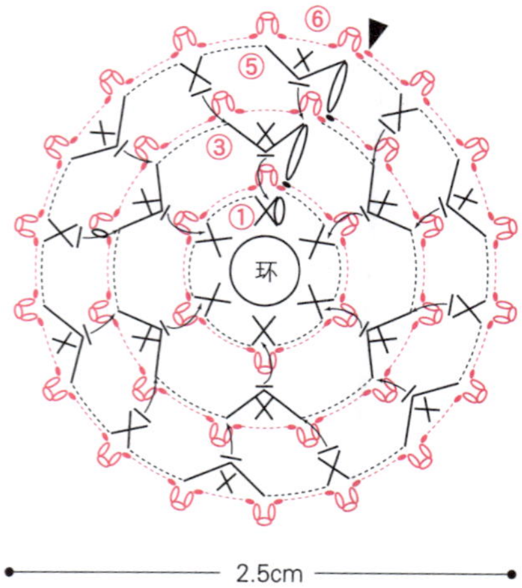

11 白车轴草

BLANC…6个

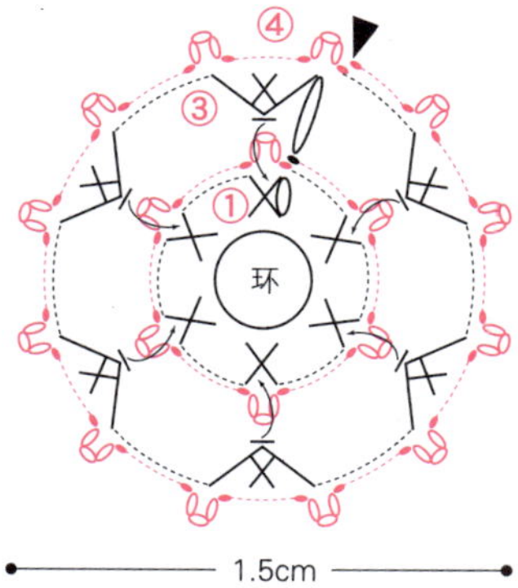

11 三叶草

701…6个

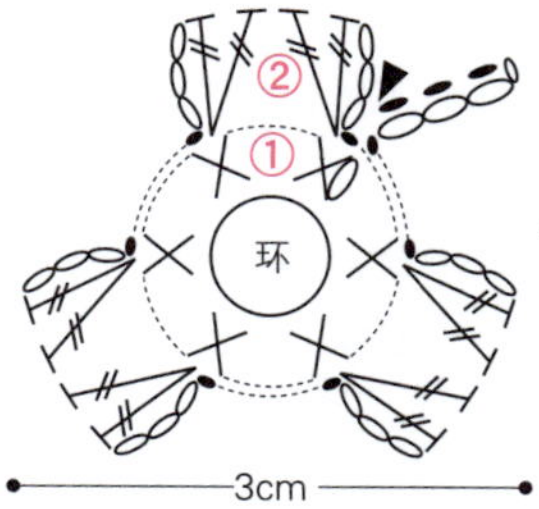

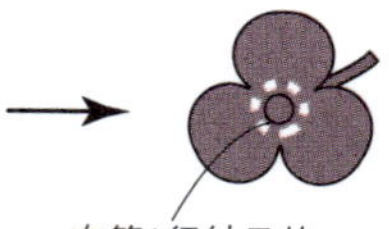

在第1行针目的头部后侧钩织引拔针（BLANC）

9、10、11 主体

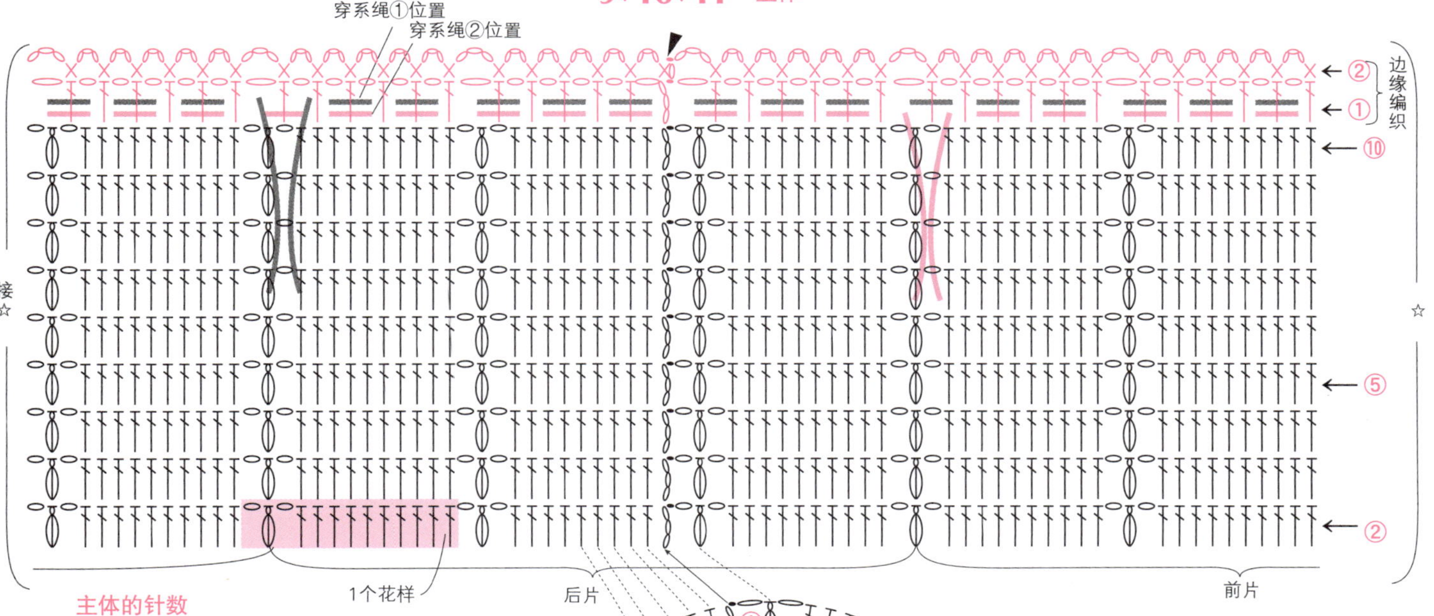

主体的针数

	行数	针数	加针
包身	1～10	78	
包底	5	78	+12
	4	66	+18
	3	48	+12
	2	36	+24
	1	12	

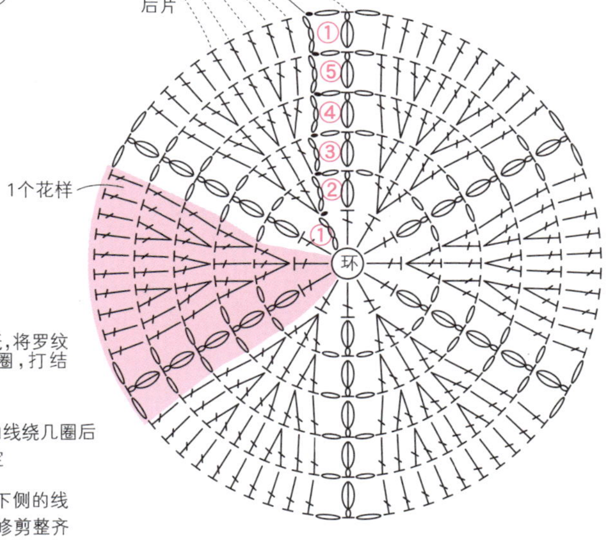

9、10、11 主体 各1个

9…162
10…225
11…369

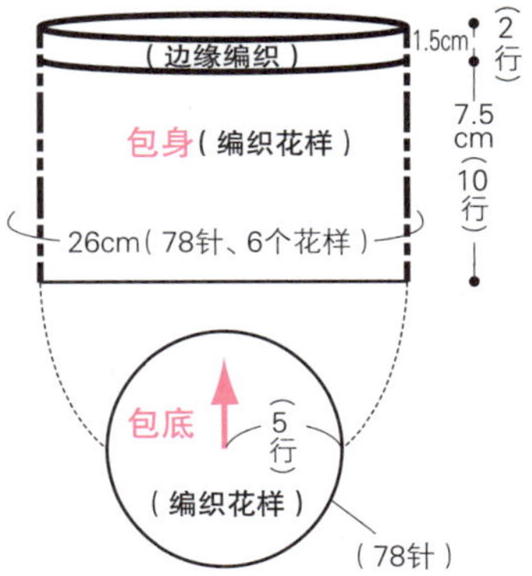

9、10、11 流苏 各2个

9…162
10…225
11…369

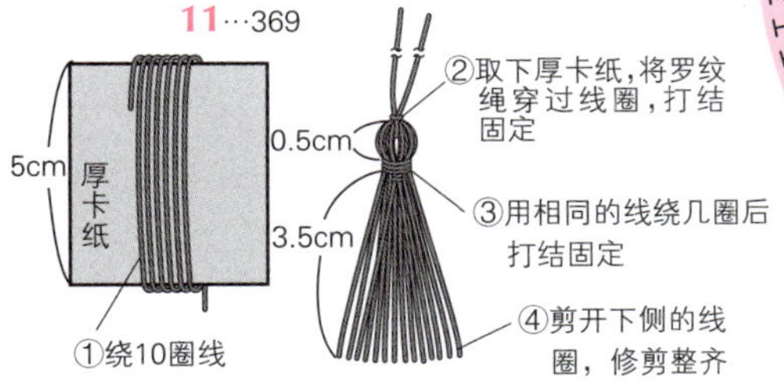

9 组合方法

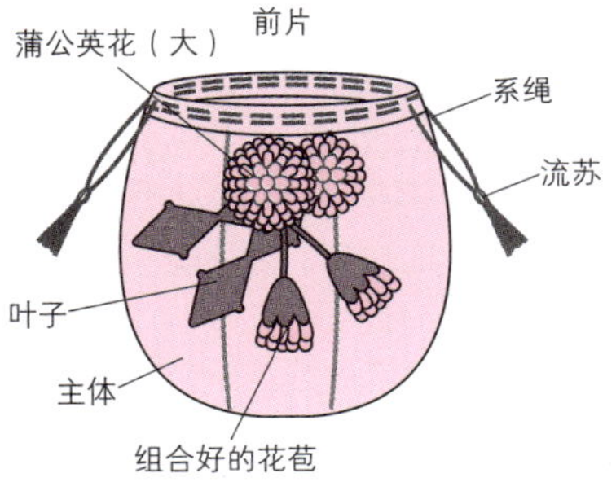

①将2根系绳穿入主体边缘编织的第1行中，在系绳的两端连接流苏

②将蒲公英花（大）、组合好的花苞、叶子连接在主体的适当位置上

系绳的穿法

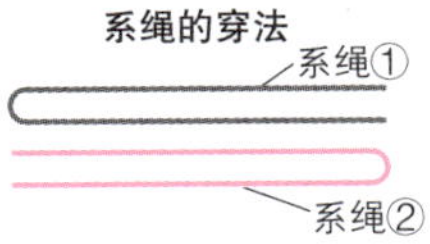

10 组合方法

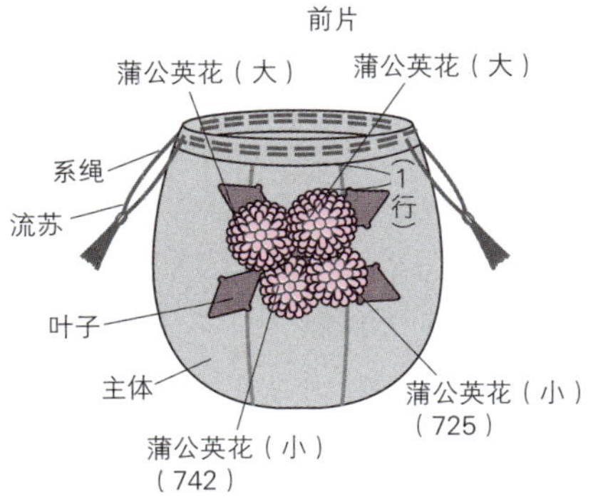

①将2根系绳穿入主体边缘编织的第1行中，在系绳的两端连接流苏

②将蒲公英花（大）、蒲公英花（小）、叶子连接在主体的适当位置上

11 组合方法

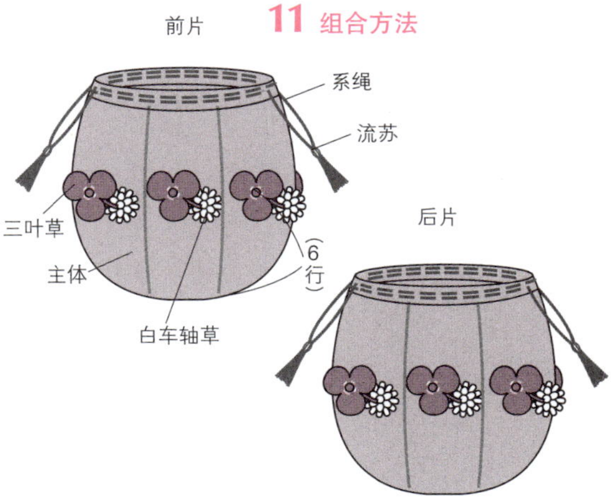

①将2根系绳穿入主体边缘编织的第1行中，在系绳的两端连接流苏

②将三叶草、白车轴草连接在主体的适当位置上

12、13

图片 ----- p.12、13

[所需物品]

线　DMC

12　5号刺绣线（25m/团）/绿色（368）…4束，浅绿色（369）…2束；25号刺绣线/白色（B5200）…3束；红色系段染（4210）…1.5束，紫红色（154）、粉色（304）、浅紫色（209）、品紫色（718）、深紫色（208）、白色（3865）、黄色（18）、深绿色（520）、墨绿色（500）…各1束

13　5号刺绣线（25m/团）/米白色（950）…4束、粉色（712）…2束，25号刺绣线/橙色（352）、浅橙色（353）、深粉色（3712）、浅粉色（3716）、红色（351）、橘黄色（722）、白色（3865）、黄绿色（472）、橄榄绿色（580）…各1束

针　0号蕾丝针

其他

12　透明指甲油…适量

13　蓬松棉…适量

[编织密度]

编织花样16针、14行

[完成尺寸]

包底直径约9cm，高约11.5cm

[钩织方法]

1　钩织主体

主体用环形起针，一边分散加针一边钩织7行。继续无加减针钩织编织花样的配色条纹至第25行，再钩织袋口的6行。

2　钩织花片

12、13均钩织指定个数的花片，缝在主体上。

3　钩织系绳和绳端装饰，组合

钩织系绳和绳端装饰，将系绳穿入主体的穿绳位置，在顶端缝上绳端装饰。

12 银莲花a～d

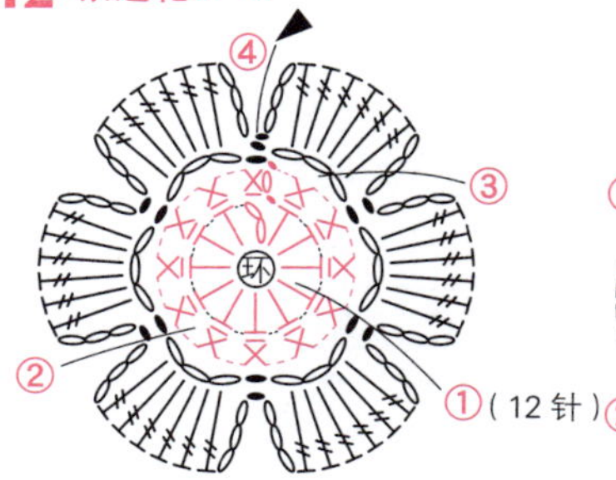

12 银莲花e　2个

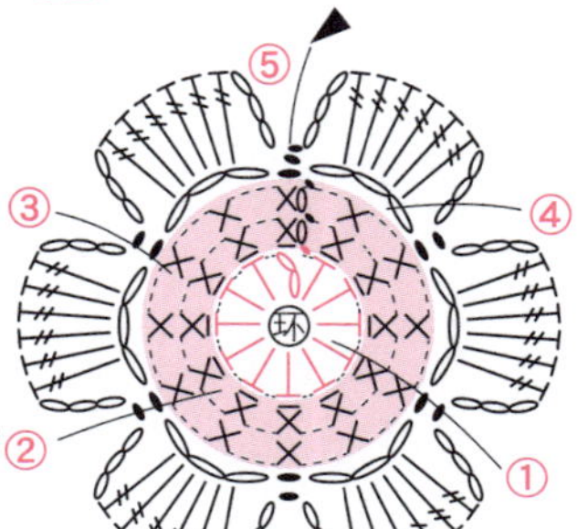

—— ＝208
—— ＝3865
—— ＝154

12 玛格丽特　6个

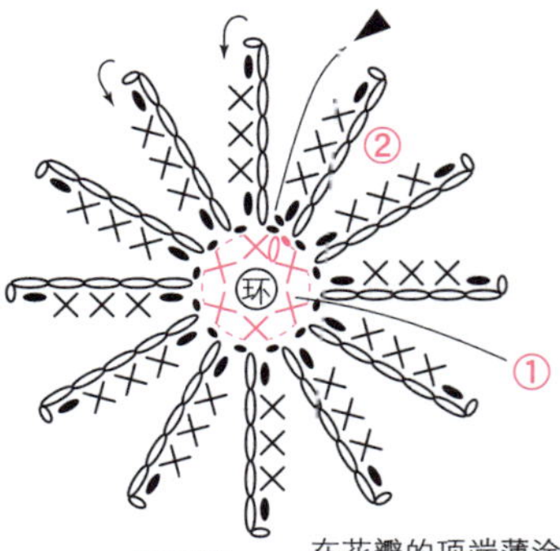

—— ＝B5200
—— ＝18

在花瓣的顶端薄涂透明指甲油，晾干硬化

12、13 叶子

12＝500钩织4个，520钩织4个

13＝472钩织5个，580钩织5个

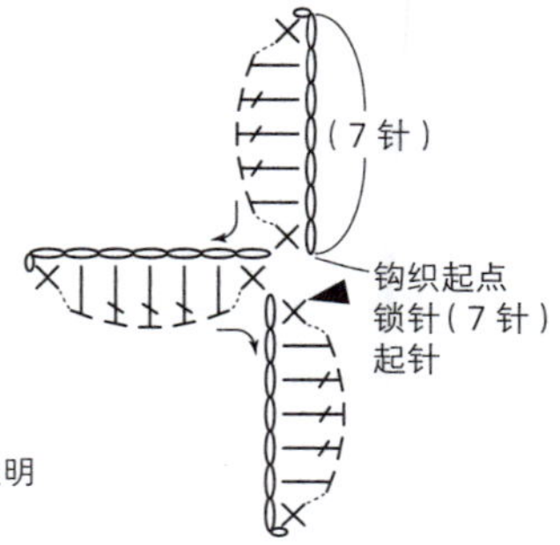

12 银莲花a～d的配色　各2个

	a	b	c	d
—	304	4210	718	209
—	154			

12 组合方法

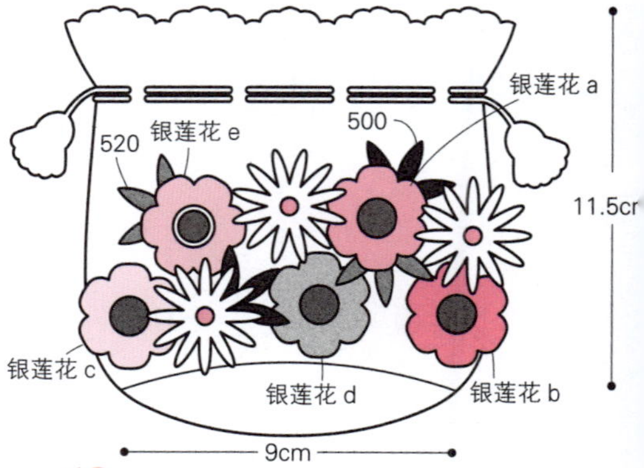

13 大丽花

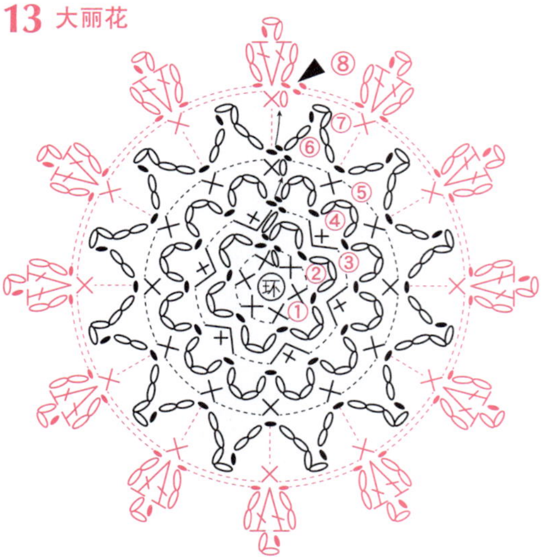

〈 钩织方法重点 〉

（第2行）＝挑起第1行短针的前面半针，钩织引拔针

（第3行）＝挑起第1行短针剩余的后面半针，钩织短针1针放2针

（第4行）＝挑起第3行短针的前面半针，钩织引拔针

（第5行）＝挑起第3行短针剩余的后面半针，钩织短针

（第6行）＝挑起第5行短针的前面半针，钩织引拔针

（第7行）＝挑起第5行短针剩余的后面半针，钩织短针

13 组合方法

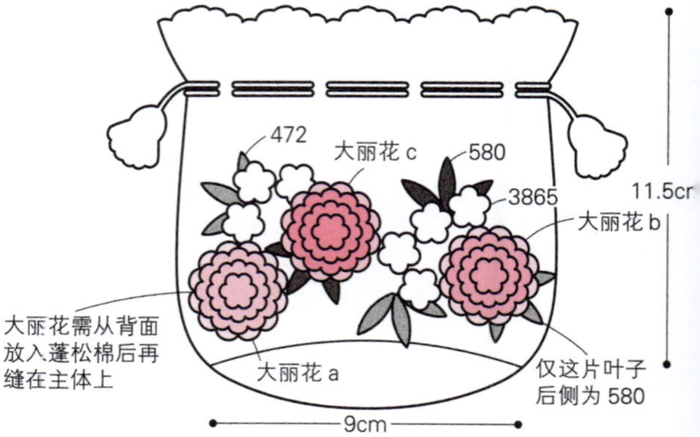

13 大丽花的配色　每色各2个

	a	b	c
—	352	3712	351
—	353	3716	722

13 满天星

14个

3865

12、13 系绳 ★、☆ = 穿系绳位置

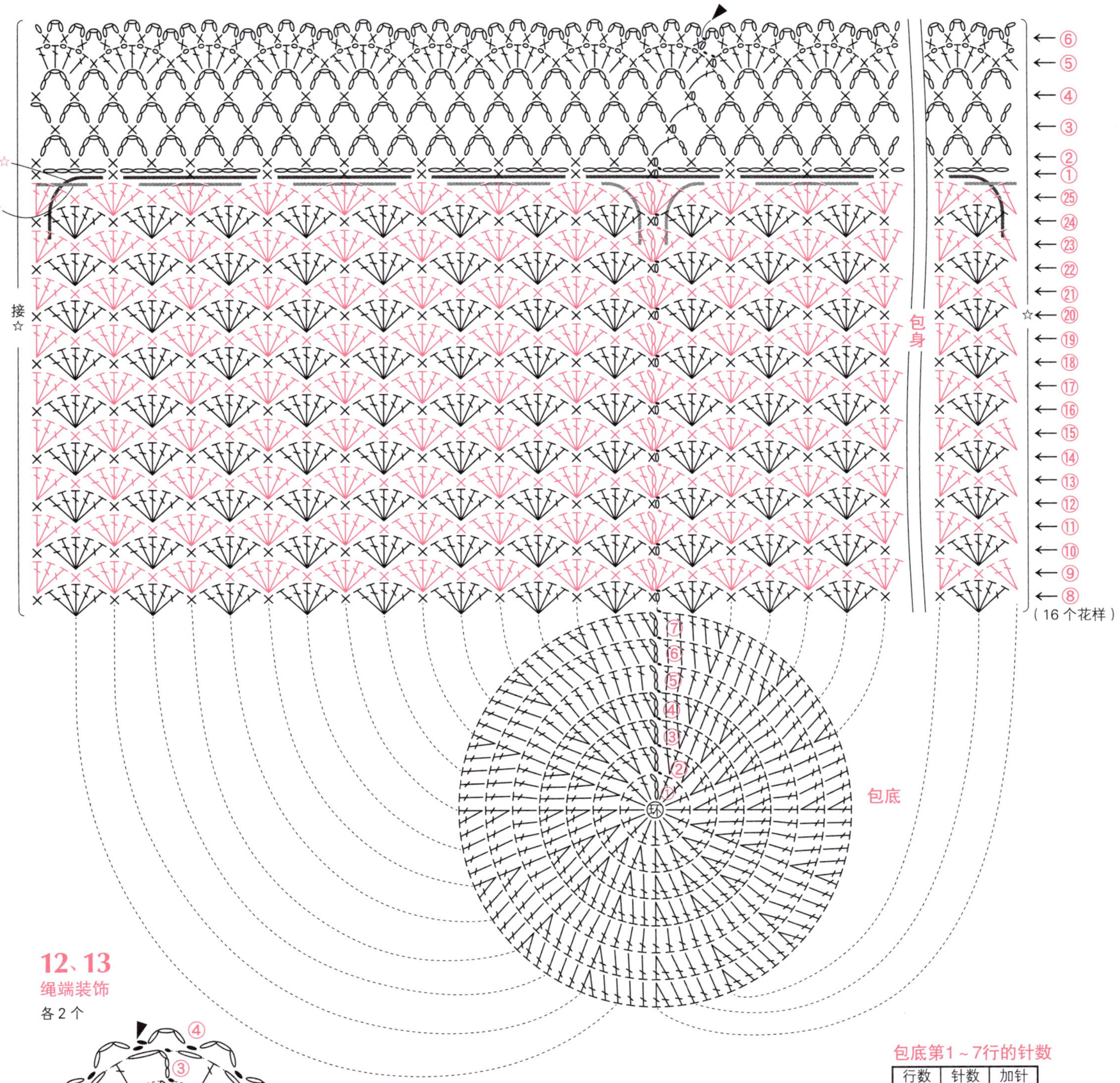

12、13 绳端装饰

各 2 个

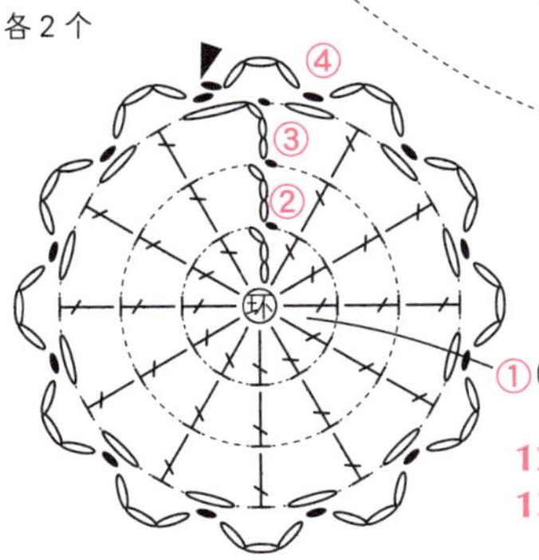

12 = 368

13 = 950

12、13 系绳

各 2 根

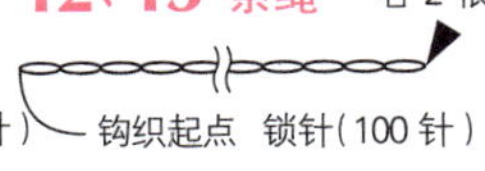

12、13 主体的配色

	12	13
—	368	950
—	369	712

包底第1～7行的针数

行数	针数	加针
7	96	+16
6	80	+16
5	64	
4	64	+16
3	48	+16
2	32	+16
1	16	

14、15

图片 ----- p.14、15　重点教程 ----- p.43

[所需物品]

线　DMC　25号刺绣线

14　翠绿色（911）…10束、橙色（970）…5束、黄色（726）…1.5束、浅黄绿色（472）……1束

15　蓝绿色（959）…10束、粉色（603）…5束、红色（816）…1.5束、浅黄绿色（472）…1束

针　0号蕾丝针

[完成尺寸] 宽11cm，高14.5cm（仅主体）

[钩织方法]（※14、15 通用的钩织方法）

1　钩织主体

织片用环形起针，参考花片的钩织方法钩织9行。从第2个花片开始，一边在第8行与之前钩织好的相邻的花片相连（参考p.43），一边钩织完成8个花片，除开口处外形成环状。

2　钩织边缘编织

在开口一侧钩织5行边缘编织。

3　钩织系绳

参考编织图钩织2根系绳。在边缘编织第2行的穿系绳位置❶、❷处分别穿入1根绳子，分别将钩织起点与钩织终点缝合，形成环状。

14、15

系绳　各2根　14 …911　15 …959

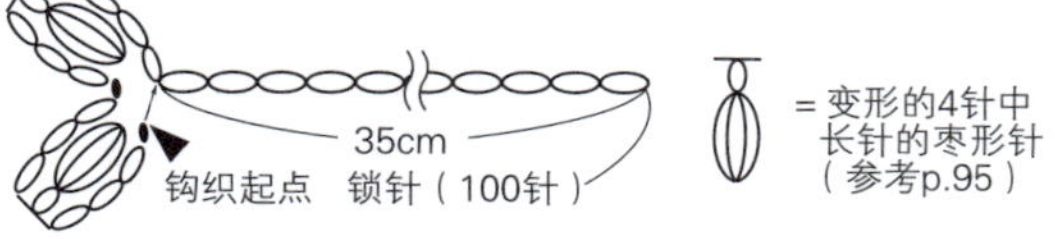

14、15

花片

第1～4行

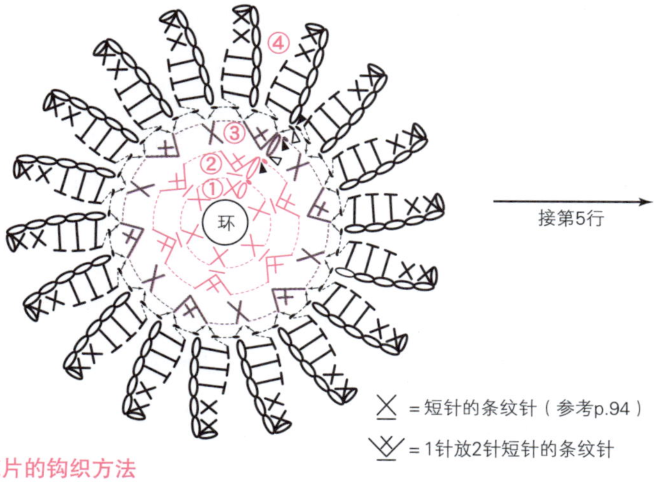

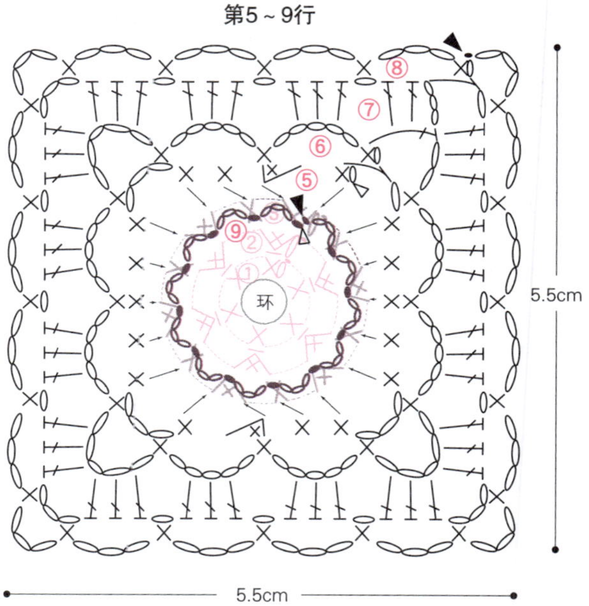

花片的钩织方法

第2行…挑起第1行短针头部的后面半针（1根线）钩织

第3行…挑起第2行短针头部的后面半针（1根线）钩织

第4行…挑起第3行短针头部的前面半针（1根线）钩织

第5行…挑起第3行短针头部剩余的后面半针（1根线）钩织

第9行…挑起第2行短针头部剩余的前面半针（1根线）钩织

※从第2个花片开始，一边在第8行与之前钩织好的相邻的花片相连，一边继续钩织（参考 p.43）

14、15 主体

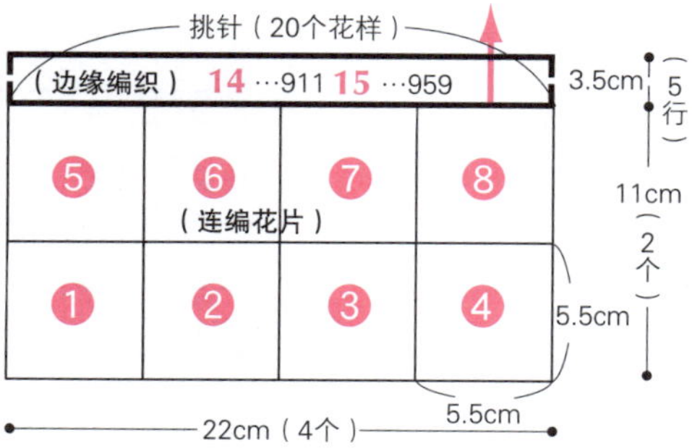

※按照①～⑧的顺序连接

14、15

组合方法

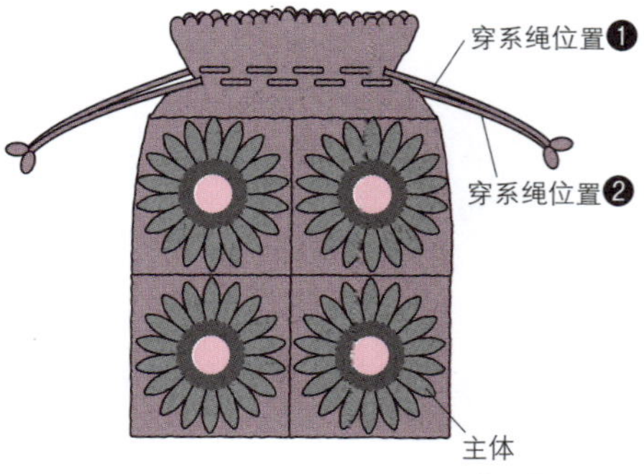

※在边缘编织第2行的穿系绳位置❶、❷处分别穿入1根绳子，分别将钩织起点与钩织终点缝合，形成环状

14、15 花片的配色

行数	14	15
9	726	816
8	911	959
7		
6		
5		
4	970	603
3	726	816
2	472	472
1		

14、15主体

※按照❶～❽的顺序连接

※从第2片开始，一边在第8行与之前钩织好的相邻的花片相连，一边继续钩织

花片的连接方法

= 整束挑起箭头顶端的锁针环，钩织引拔针进行连接（参考 p.43）

= 第 1 个花片用引拔针和箭头顶端的第 2 个花片连接，挑起引拔针根部的前面 2 根线，再钩织引拔针进行连接（参考 p.43）

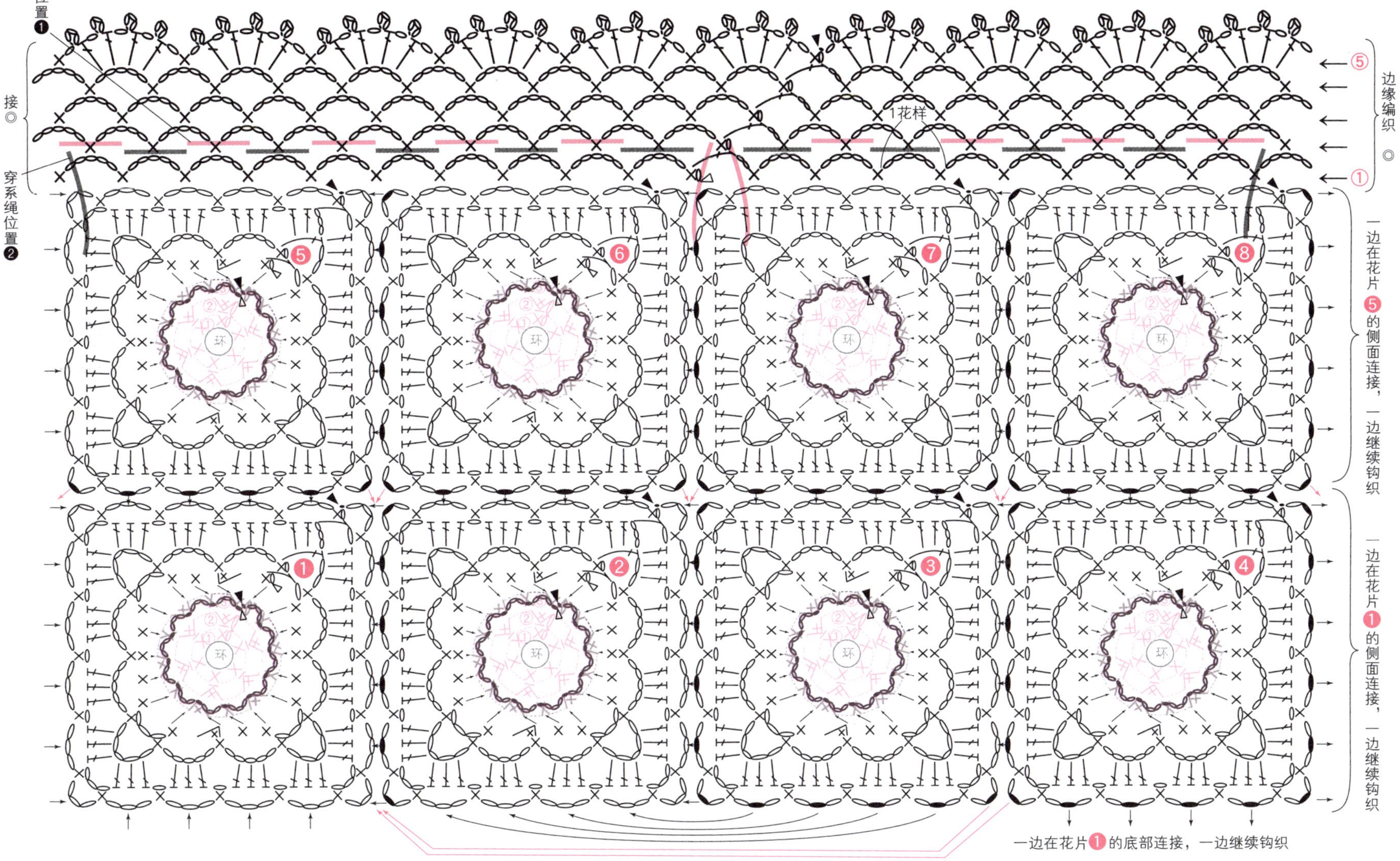

16、17

图片 ----- p.16、17

[所需物品]

线　DMC 25号刺绣线

16　粉白色(23)…10束，橘粉色(3716)…1.5束，浅粉色(605)…1束，浅黄绿色(10)、草绿色(471)、粉色(603)…各0.5束

17　紫色(3607)…5束，浅紫色(3608)…2.5束，粉白色(23)、绿色(3053)、紫红色(3609)…各2束，白色(3865)…1束，浅黄绿色(10)、黄绿色(581)…各0.5束

针　0号蕾丝针

其他　纽扣(直径10mm)…1个

[完成尺寸]

宽8cm，高13cm(不含包盖、边缘编织)

[钩织方法](※除指定操作外，均为16、17通用的钩织方法)

1　钩织主体

主体钩织52针锁针起针，钩织成环形。参考编织图，16需用编织花样、17需用条纹花样钩织16行。继续钩织包盖的部分。参考编织图，在两端一边减针一边钩织6行。

2　钩织边缘编织

参考编织图，在前后片重叠的状态下，将前片倒向前面钩织。

3　钩织各个部件

16需钩织芍药、花芯、叶子A、叶子B，17需钩织芍药、花芯、叶子A。

4　组合

在主体的指定位置缝上纽扣。参考组合方法，分别将各个部件缝在主体上。

16、17 芍药

16 a、b、c…各1个

17 d…2个、e…1个

第2行…挑起第1行短针头部的前面半针钩织

第3行…将前一行倒向前面，挑起第1行短针头部剩余的后面半针钩织

╳ =短针的条纹针（参考p.94）

16、17 花芯 各3个

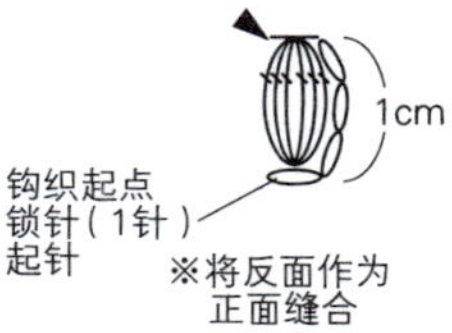

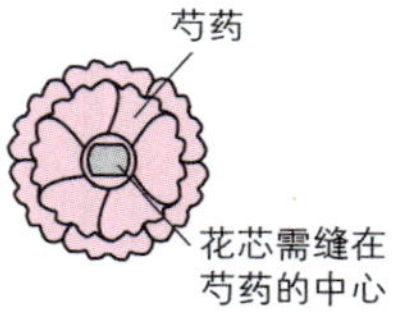

16、17 叶子A

16 471…1个

17 581…1个

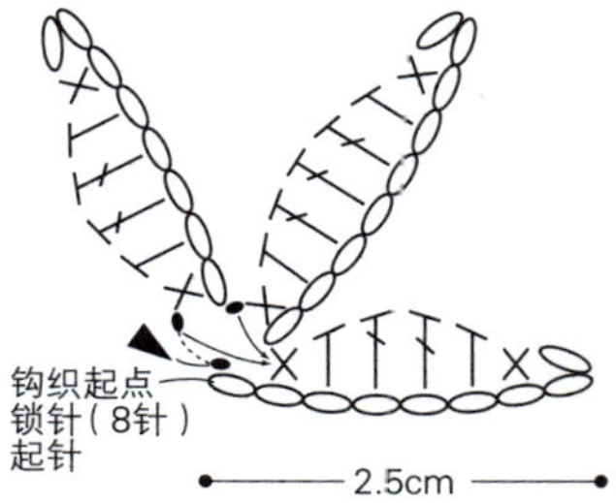

16 叶子B

471…1个

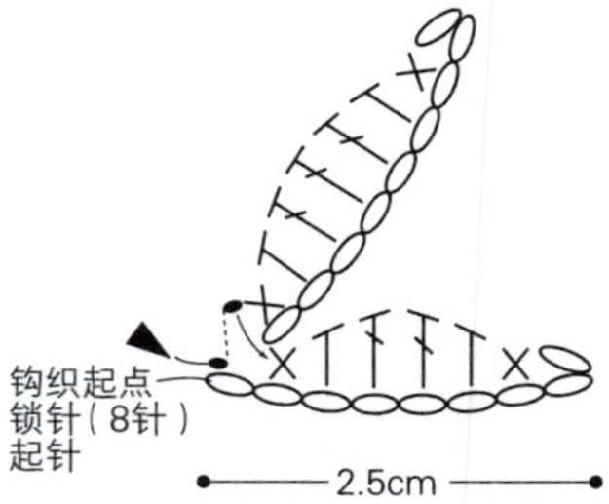

芍药的配色

	16			17	
	a	b	c	d	e
——(第3、4行)	3716	605	603	23	3865
——(第1、2行)	605	3716	3716		

16 组合方法

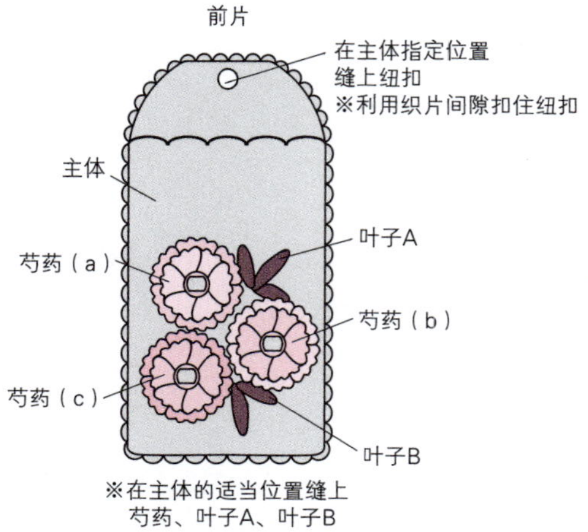

※在主体的适当位置缝上芍药、叶子A、叶子B

17 组合方法

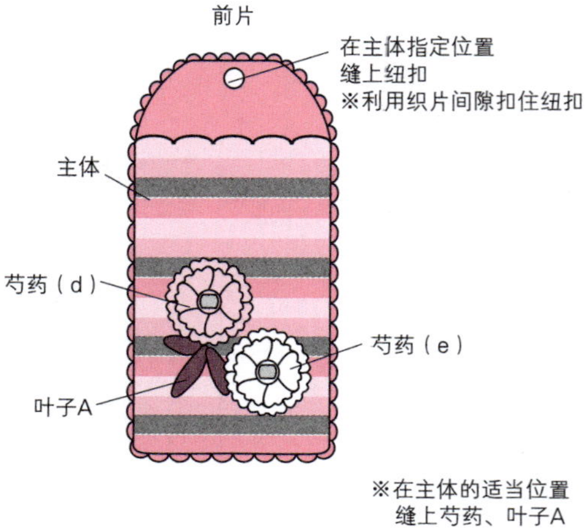

※在主体的适当位置缝上芍药、叶子A

主体的配色

	16	17
粉色	23	3609
深灰色		3608
粉色细线		3053
边缘编织		3607

16、17 主体

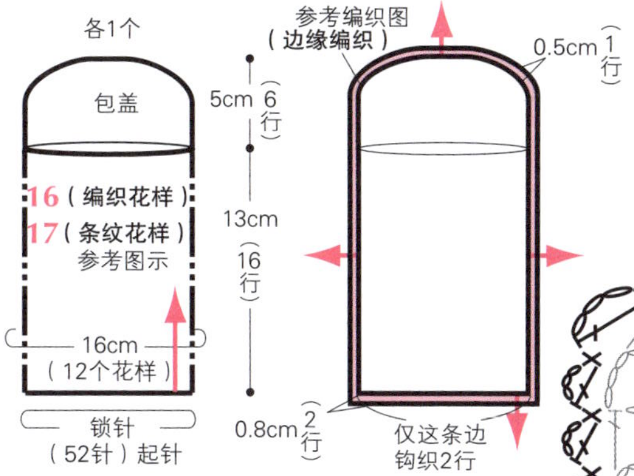

16、17 主体

缝合纽扣位置（反面）

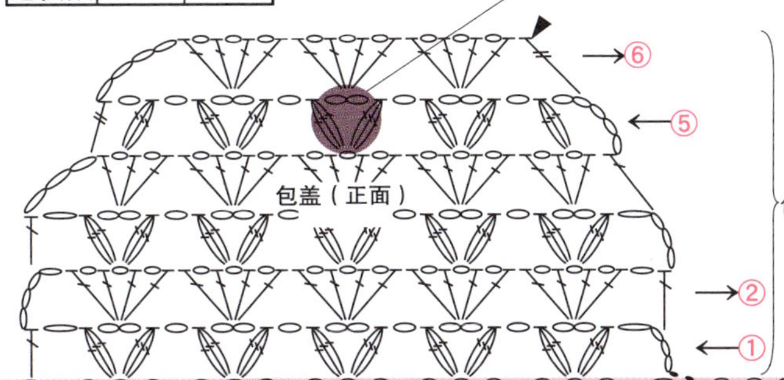

16、17 主体的边缘编织

20、21

图片 ----- p.20、21 重点教程 ----- p.43

[所需物品]
线 DMC 5号刺绣线（25m/团）
20 黑色（310）…6束
21 米白色（712）…6束
针 5/0号钩针（用2根线钩织）
其他 Hamanaka 包用口金（长约7.5cm，宽约4cm，古铜色 H207-008）…1个

[完成尺寸]
参考图示

[钩织方法]（※除指定操作外，均为16、17通用的钩织方法）
1 钩织主体（用2根线钩织）
包底钩织19针起针，往返钩织10行短针。包身从包底如图所示挑起针目，按照编织花样（参考p.43）用往返编织的环形钩织方法钩织12行。继续，将包身上部（前后片）分别往返钩织8行，在开口处做边缘编织，整理形状。
2 缝合口金（参考p.40）
将口金缝在主体的指定位置上。

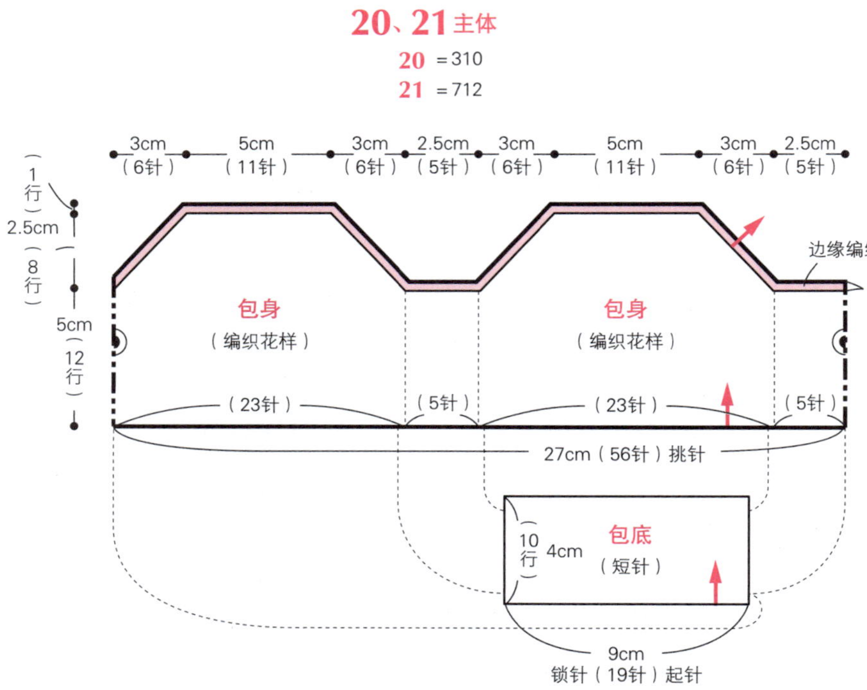

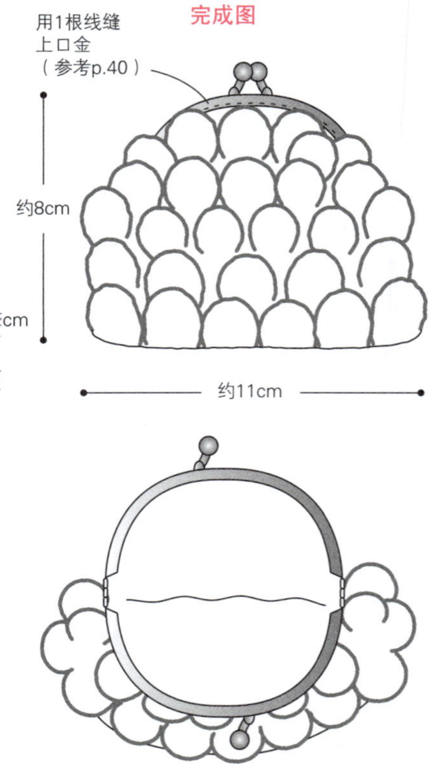

重点教程

23

图片 ----- p.23 制作方法 ----- p.68

手编球的组合方法

1 参考编织图，制作手编球，在中间塞入相同的线。

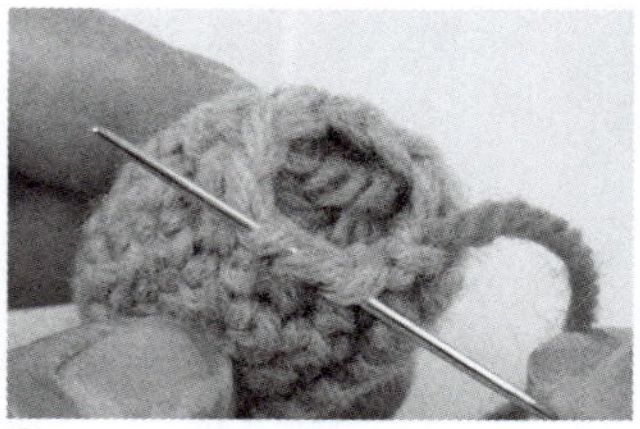

2 一针一针地挑起最后一行的前面半针，穿线。

3 穿好线的样子。

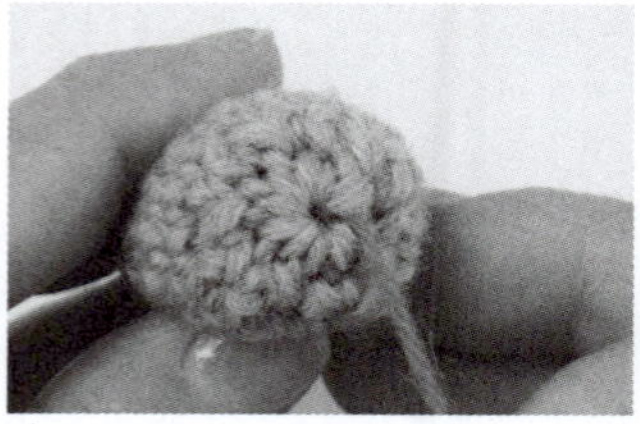

4 将线拉紧，线头藏入手编球中处理好。

20、21 主体

20＝310
21＝712

※全部用2根5号刺绣线钩织

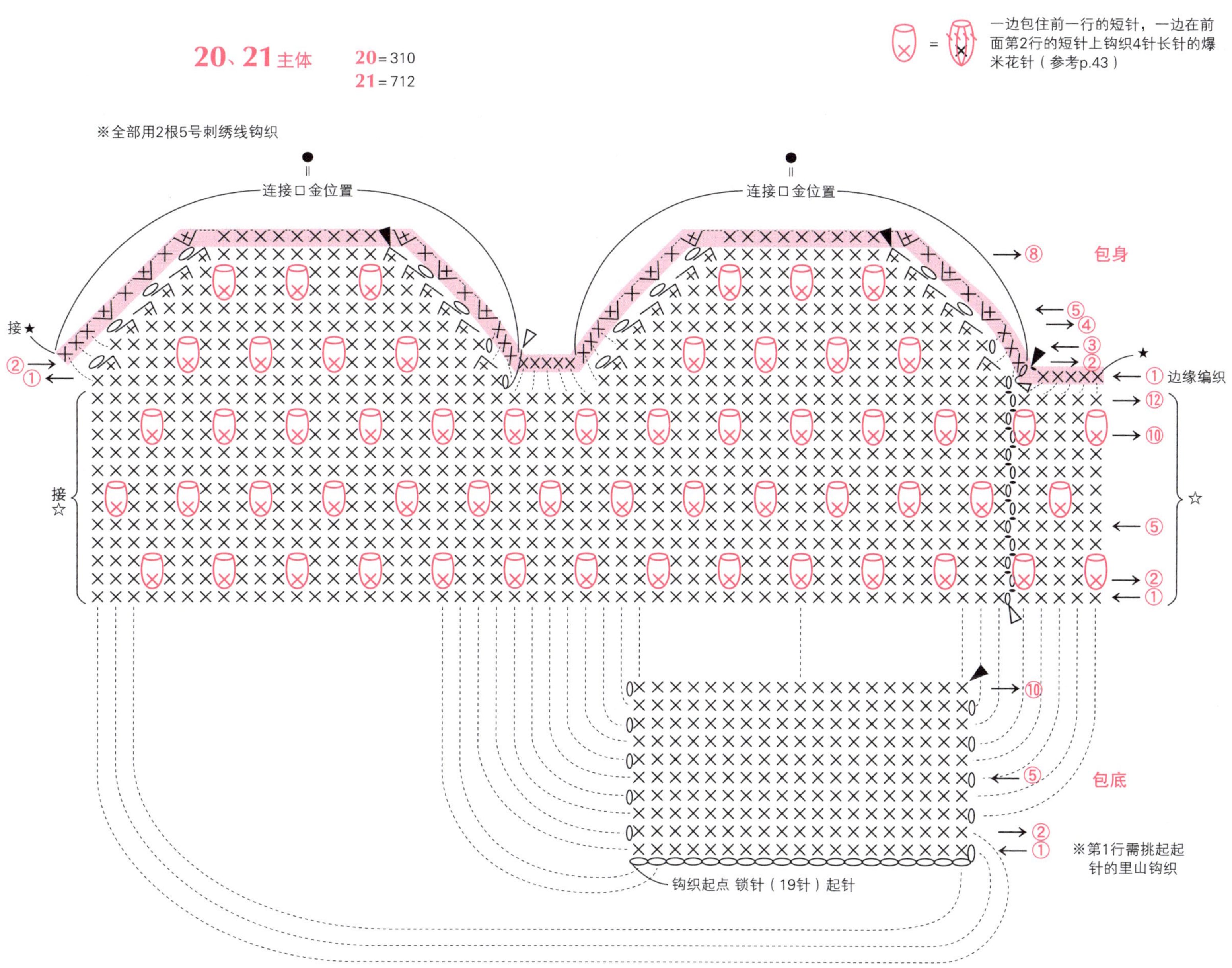

23

图片 ----- p.23 重点教程 ----- p.66

[所需物品]

线 Olympus Emmy Grande

水蓝色（361）…20g、蓝紫色（623）…3.5g、浅紫色（672）…1.5g

针 0号蕾丝针

其他 里布（水蓝色的欧根纱）…29.4cm×15.4cm

[完成尺寸]

宽13.5cm，高17cm

[钩织方法]

1 钩织主体

主体钩织96针锁针起针，在第1针上引拔钩织成环形。奇数行需看着反面，偶数行需看着正面，环形钩织16行编织花样，继续钩织4行边缘编织。将织片翻至反面，2片一起入针，钩织短针和锁针，与包底接合。

2 钩织系绳

钩织2根系绳，从左右两侧穿入边缘编织中。

3 钩织各部件

按照编织图钩织花朵A、B、C，叶子A、B、C和手编球。分别组合花朵和叶子，缝在主体的指定位置上，将手编球缝在系绳的顶端。

4 制作内袋、组合

制作内袋并放入主体中，一边在缝份处渡线，一边在边缘编织的第2行引拔接合，制作完成。

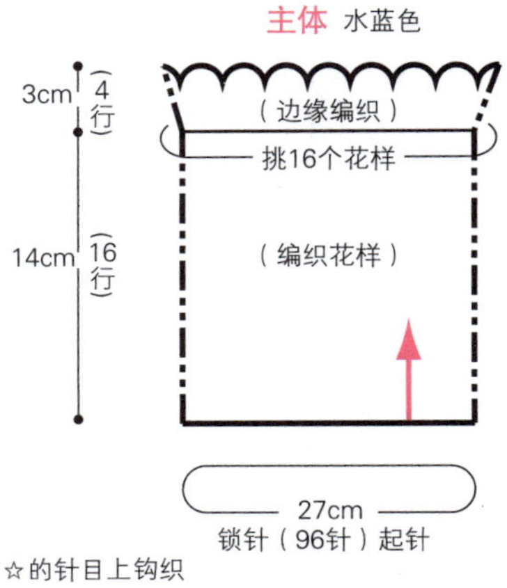

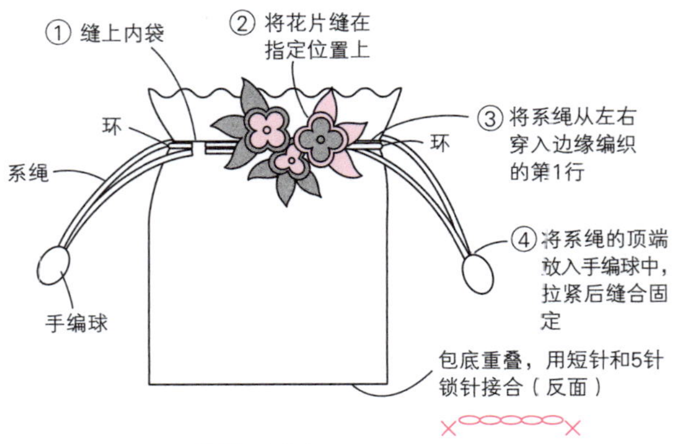

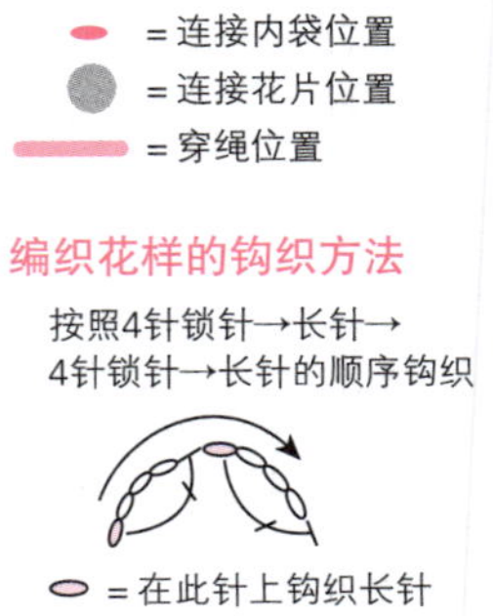

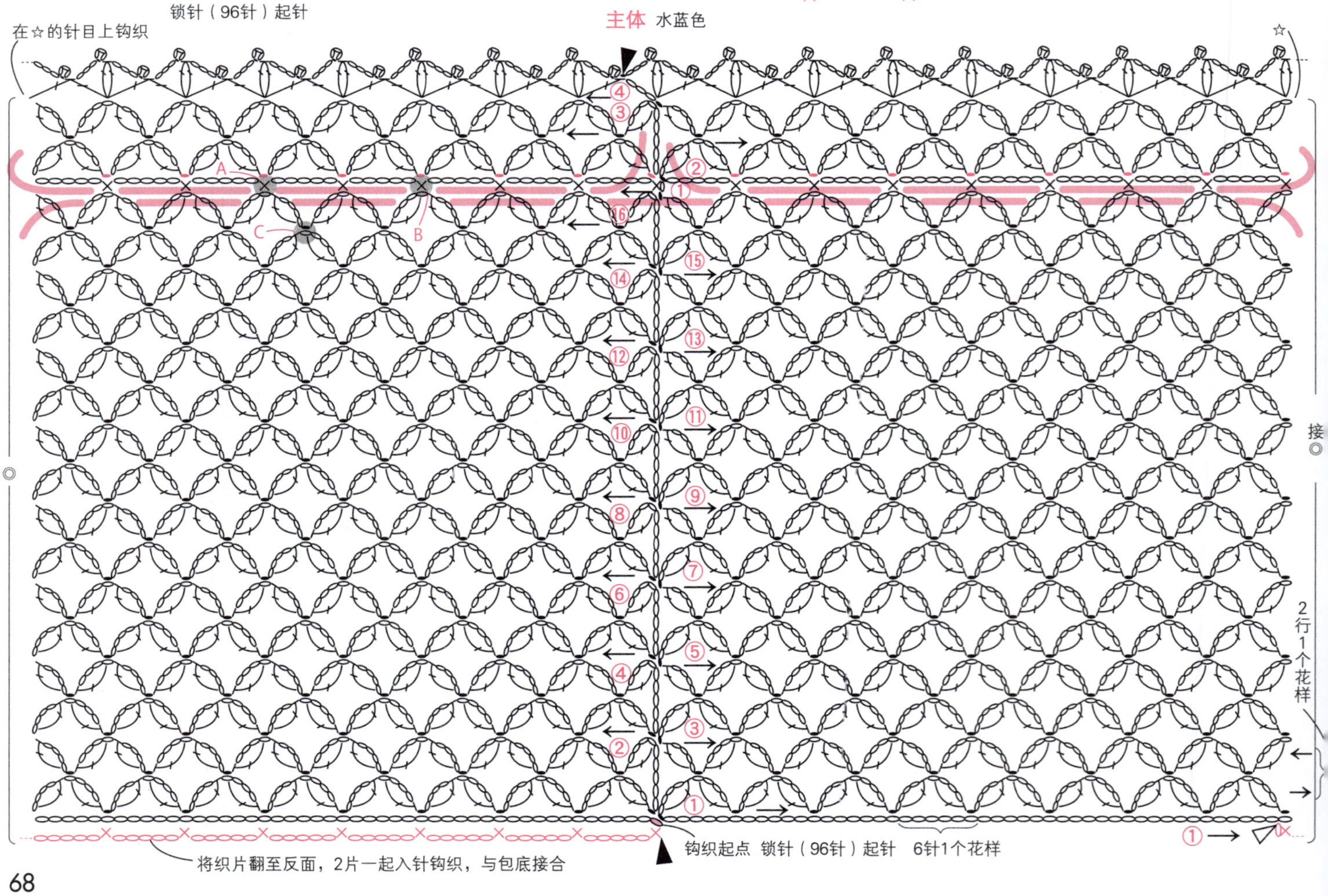

花朵 A、B

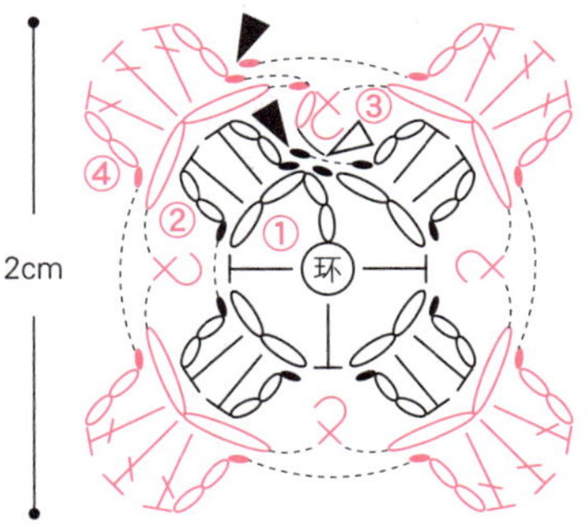

A ── = 浅紫色 ── = 蓝紫色
B ── = 蓝紫色 ── = 浅紫色

(符号) = 挑起第1行锁针的起立针，在中长针的根部钩织（短针的反拉针，参考p.95）

花朵 C

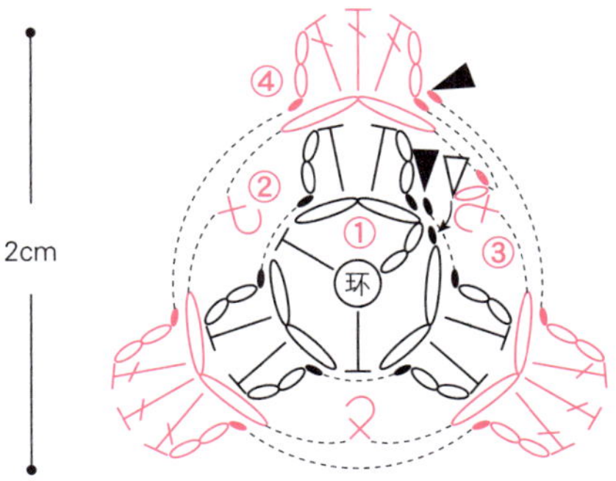

── = 浅紫色 ── = 蓝紫色

(符号) = 挑起第1行锁针的起立针，在中长针的根部钩织（短针的反拉针，参考p.95）

叶子 A、B、C

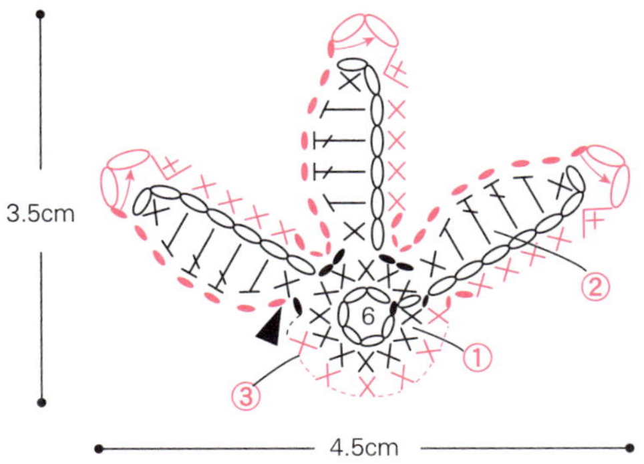

A、C = 蓝紫色
B = 浅紫色

花片的组合方法

分别将花朵的中心和叶子的中心对齐，缝合固定

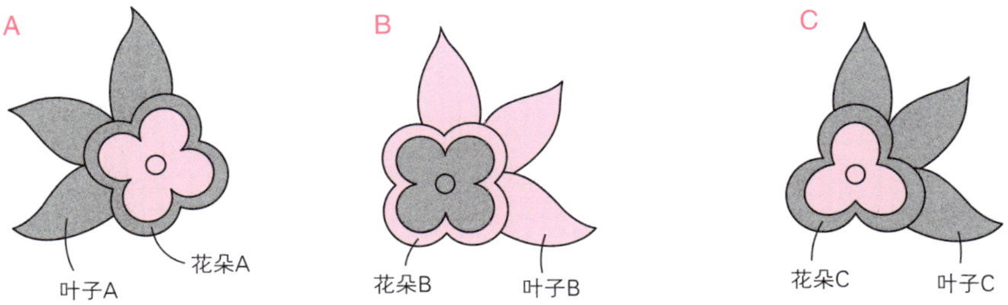

手编球 水蓝色 2个

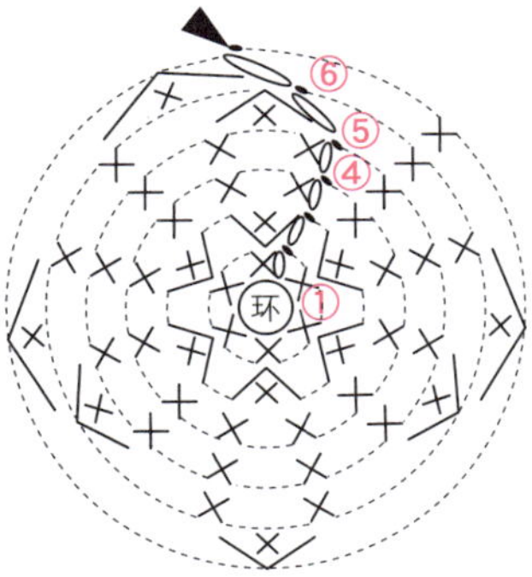

手编球的针数

行数	针数
6	5
5	9
4	12
3	12
2	12
1	6

将线头穿入最后一行的针目中，拉紧（参考p.66）

内袋的尺寸

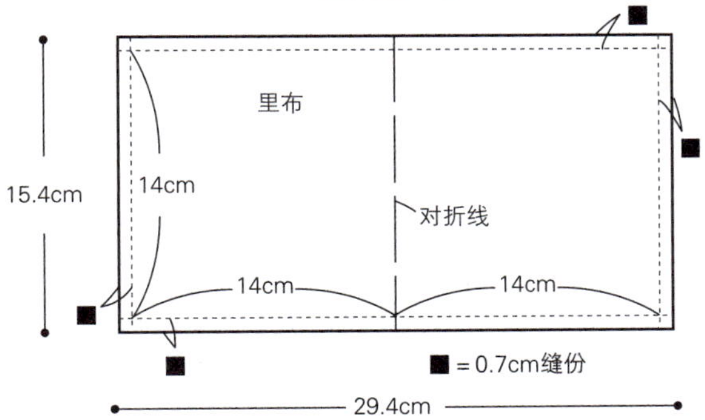

系绳 水蓝色 2根

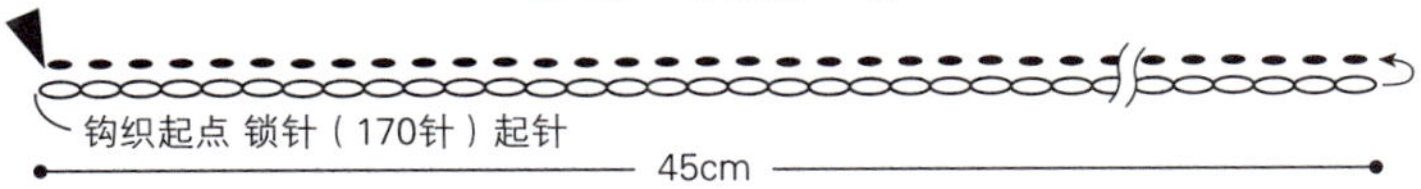

内袋的缝制方法

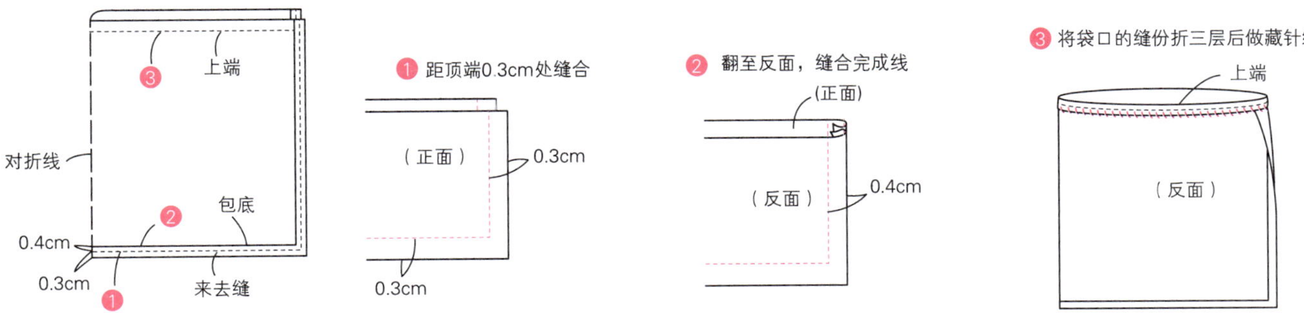

22

图片 ----- p.22

[所需物品]

线　Olympus Emmy Grande

原白色（804）…20g

针　0号蕾丝针

[完成尺寸]

宽12cm，高16cm

[钩织方法]

1　钩织主体

主体钩织34针起针，在第1针上引拔钩织成环形。参考编织图，钩织13行。共钩织2片。钩织锁针链，将2个主体重叠在一起，在主体的外圈穿入锁针链，按照平针缝的要领缝合在一起。在钩织起点一侧加新线，呈环形钩织5行边缘编织。

2　钩织系绳

参考p.44，钩织2根长50cm的罗纹绳作为系绳。

3　钩织装饰

装饰需用环形起针，钩织1行。

4　缝合装饰

将系绳从两侧穿入边缘编织的第2行，将装饰缝合在系绳的顶端。

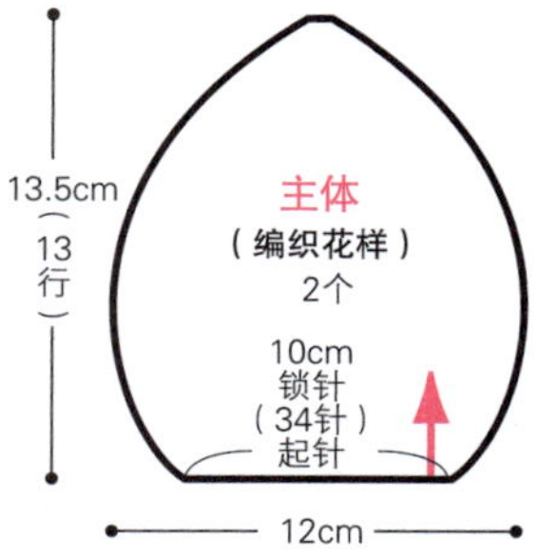

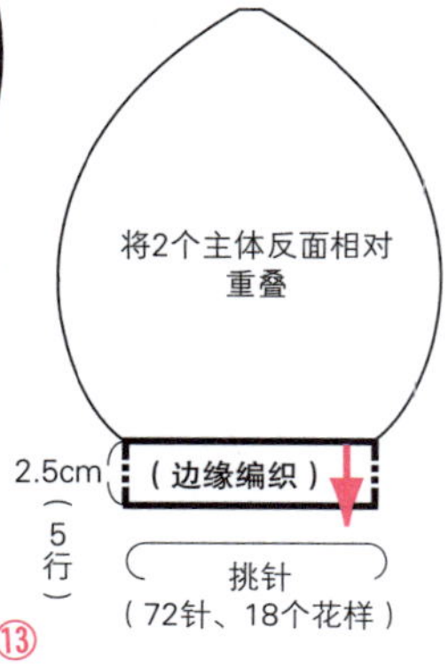

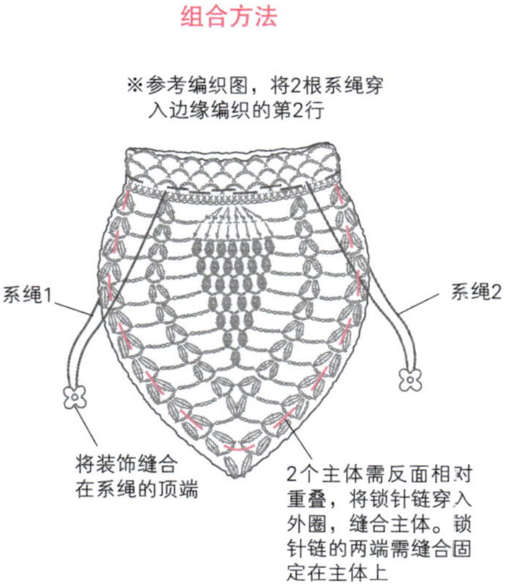

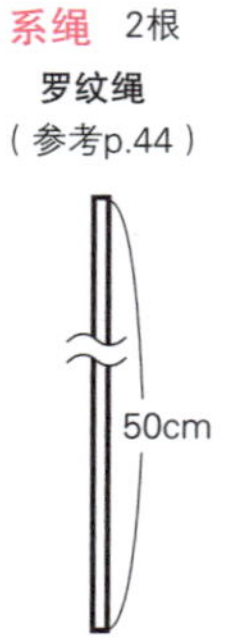

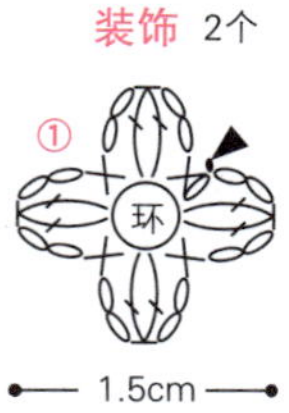

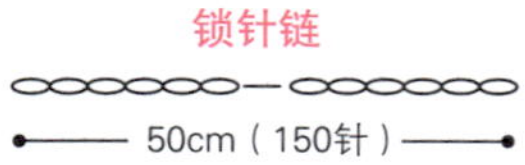

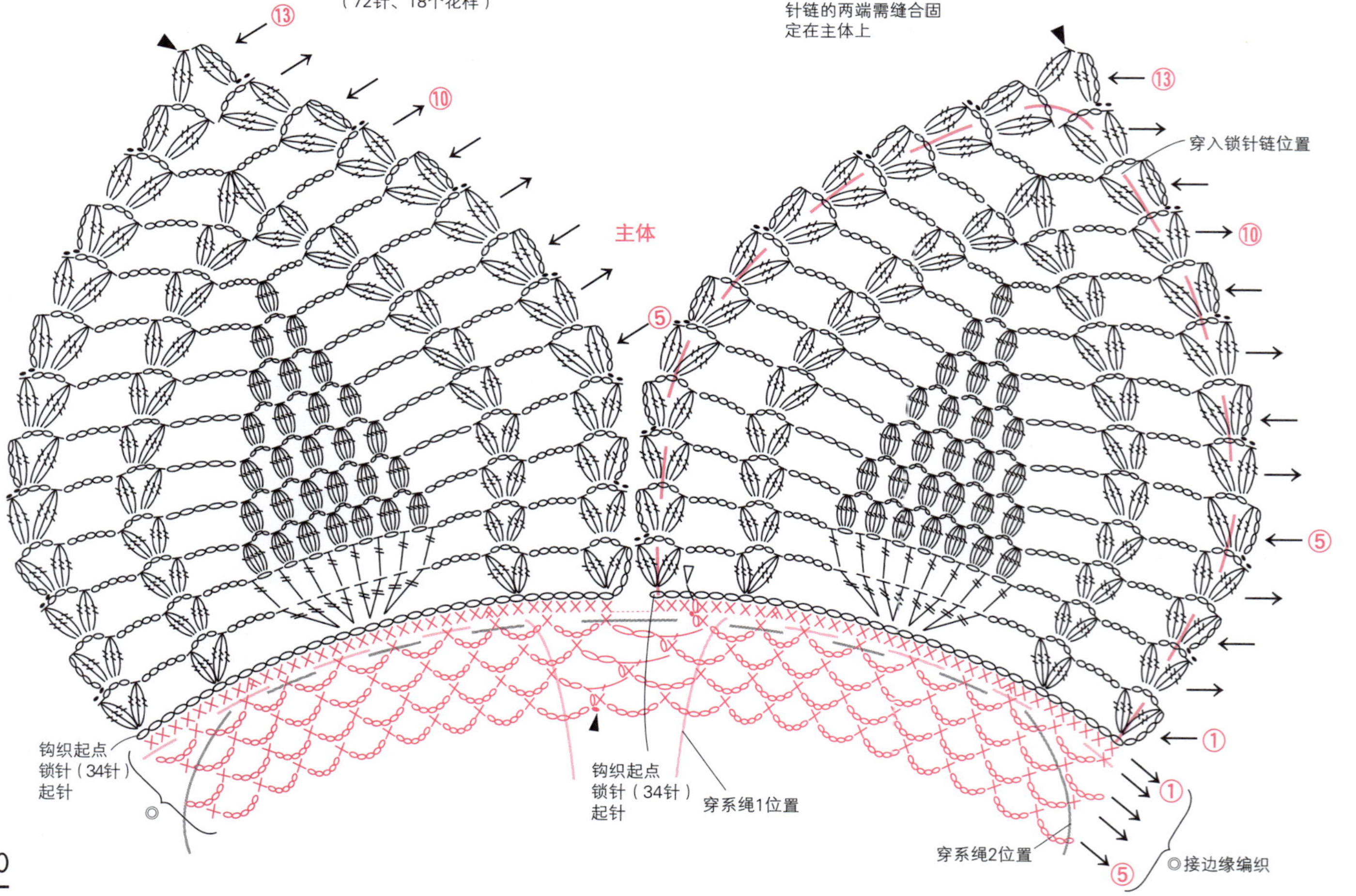

24、25、26

图片 ----- p.24、25 重点教程 ----- p.43

[所需物品]

线 DMC Happy Cotton

24 紫色(756)…9g、红色(789)…5g、绿色(784)…3g、橙色(753)…2g

25 绿色(781)…13g，粉色(799)…5g，橙色(790)、黄色(792)…各4g

26 深粉色(755)…17g、蓝色(798)…12g、浅粉色(763)…6g、紫红色(795)…5g

针 2/0号钩针

其他 Flatknit拉链(20cm)/24 紫色、25 绿色、26 红色…各1条

[编织密度]

花片：边长9cm的三角形

[完成尺寸]

参考编织图

[钩织方法]

1 钩织主体，组合

24 钩织2个花片，在周围钩织第1行边缘编织。从B面边缘编织的第1行，继续钩织包口边缘编织的第2行。将A面、B面正面相对重叠，做卷针缝缝合(参考p.43)。

25 钩织4个花片，分别将2个花片做卷针缝缝合(参考p.43)，在周围钩织第1行边缘编织。从B面边缘编织的第1行，继续钩织包口边缘编织的第2行。将A面、B面正面相对重叠，做卷针缝缝合(参考p.43)。

26 钩织6个花片，分别将2个花片做卷针缝缝合(参考p.43)，在周围钩织第1行边缘编织。从B面边缘编织的第1行，继续钩织包口的边缘编织的第2行。将A面、B面正面相对重叠，做卷针缝缝合(参考p.43)。

2 缝上拉链

在包口缝上拉链(参考p.41)，制作完成。

24 花片=①～⑤ ※每1行更换配色 边缘编织=①、②

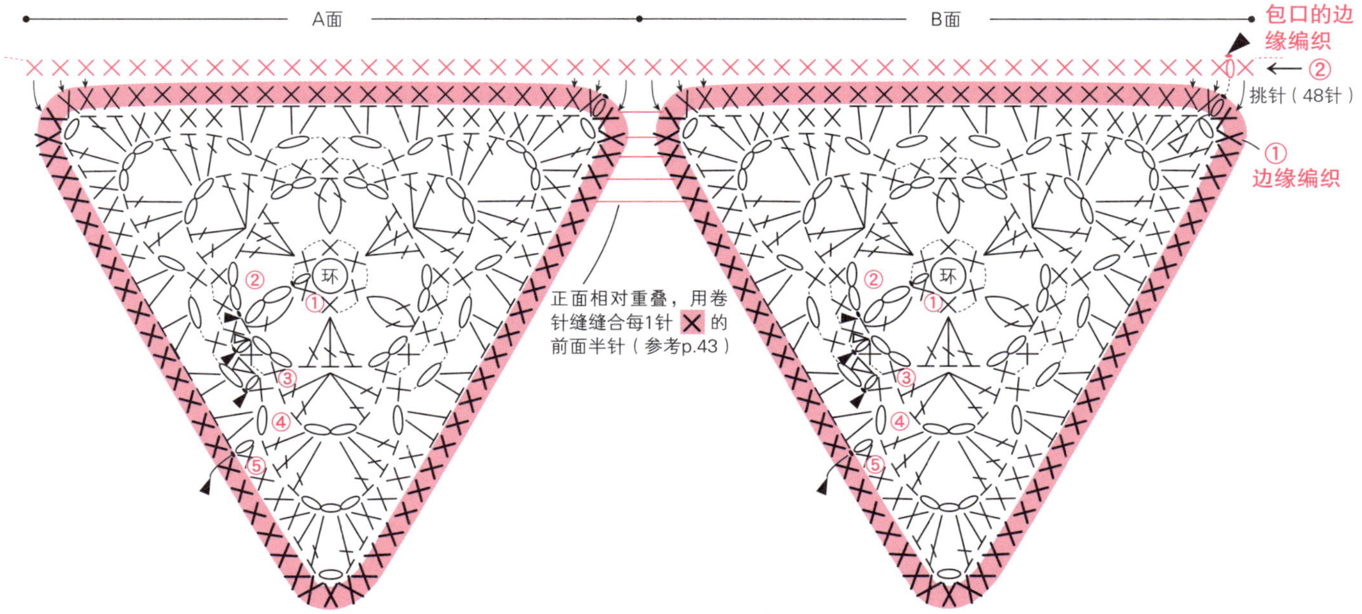

配色

花片	①	756
	②	753
	③	784
	④	756
	⑤	789
边缘编织	①	756
	②	756

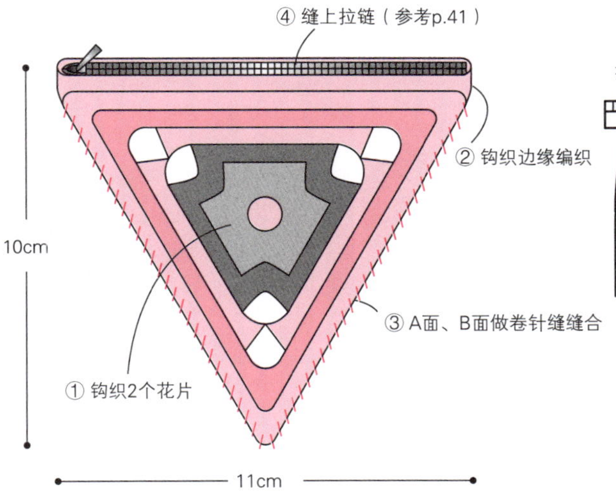

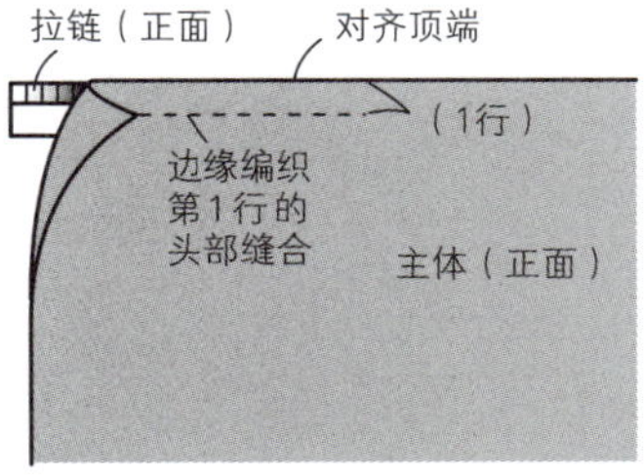

25 重叠 ★ — ★ 查看编织图　　花片＝①～⑤ ※每1行更换配色　　边缘编织＝①、②

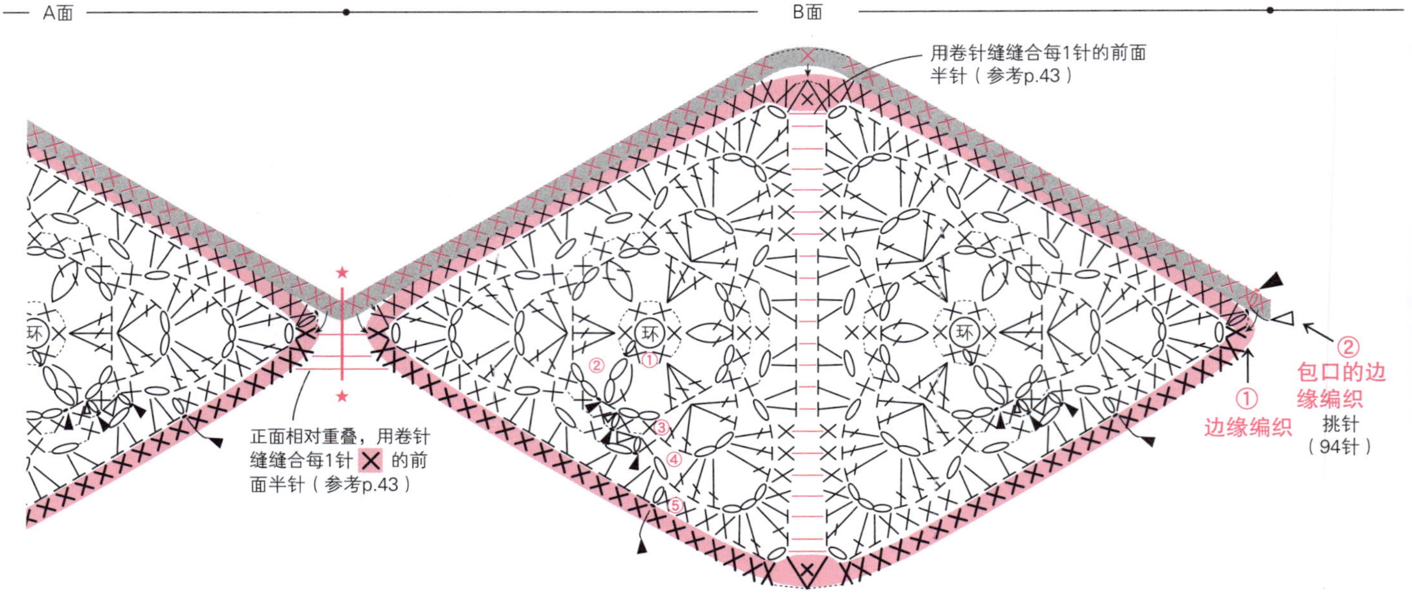

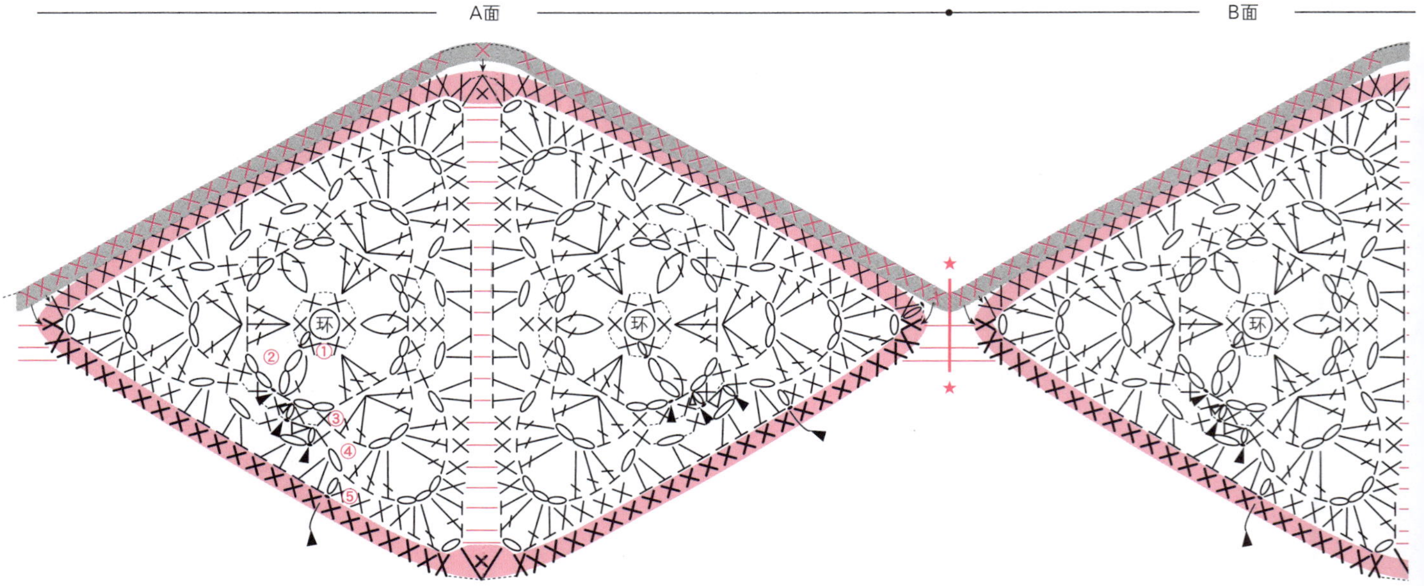

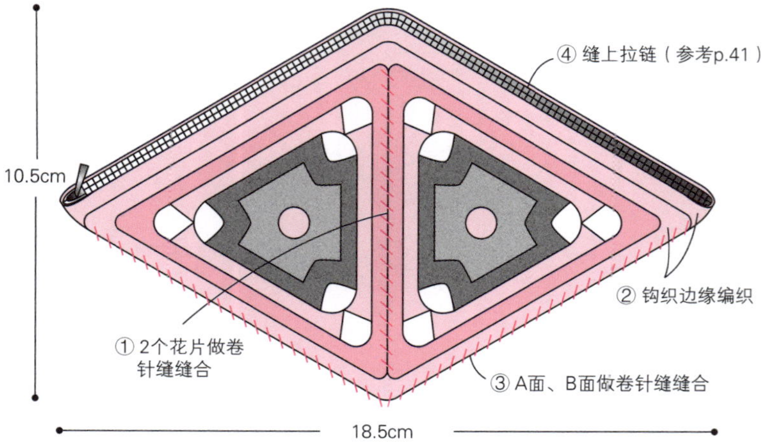

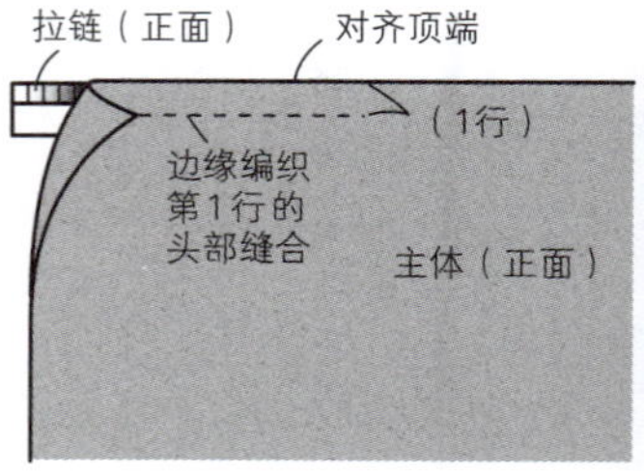

配色

花片	①	781
	②	790
	③	792
	④	781
	⑤	799
边缘编织	①	781
	②	781

26 重叠 ★ —— ★ 查看编织图

花片＝①～⑤ ※每1行更换配色　边缘编织＝①、②

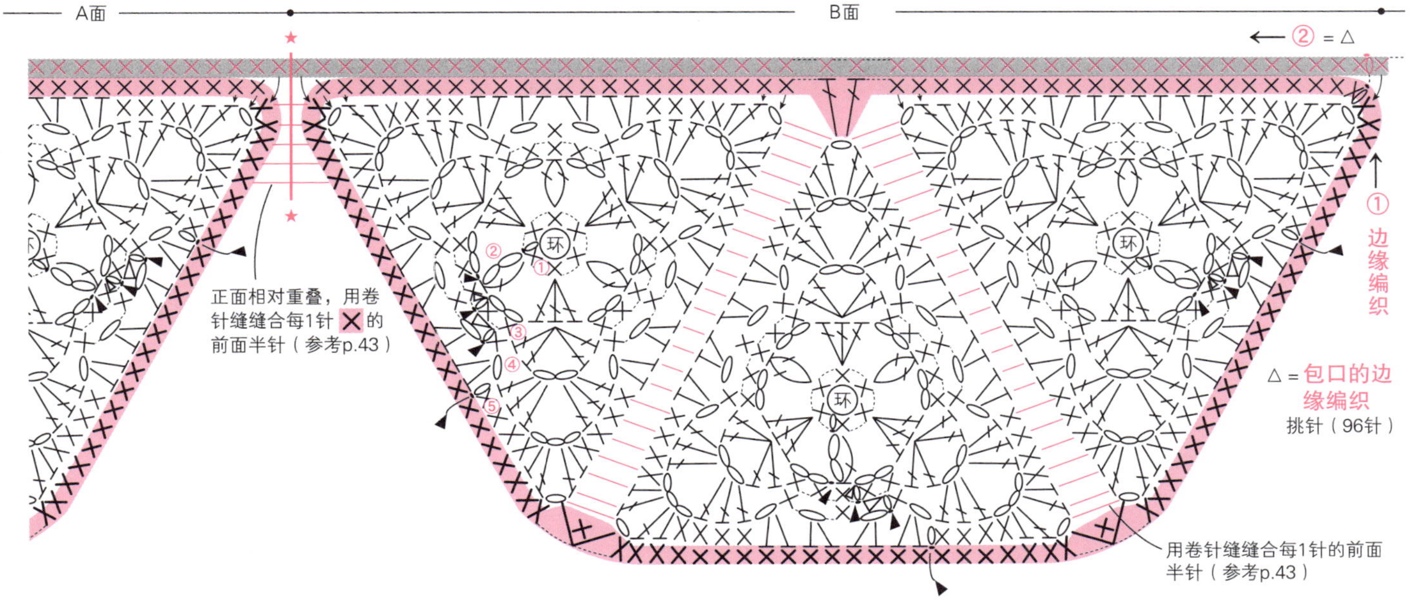

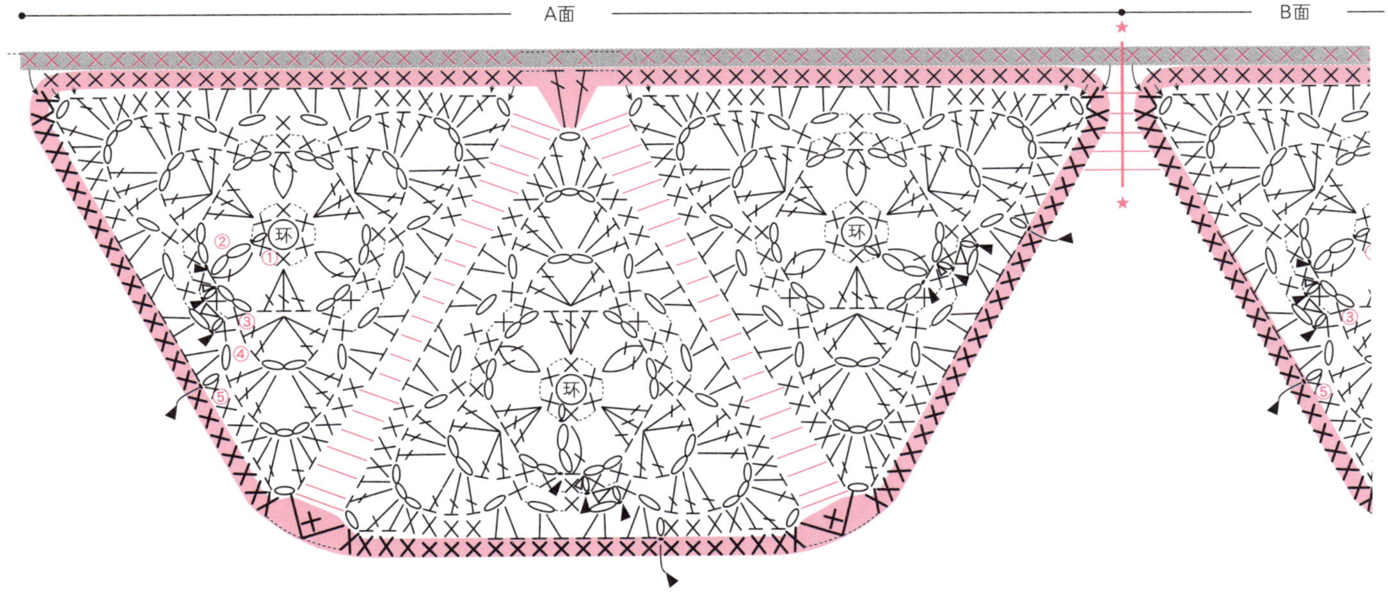

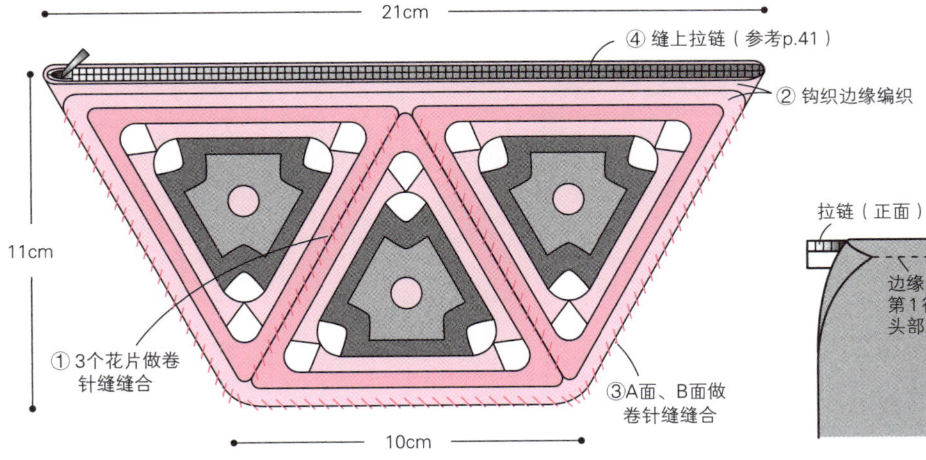

配色

花片	①	755
	②	795
	③	763
	④	755
	⑤	798
边缘编织	①	755
	②	755

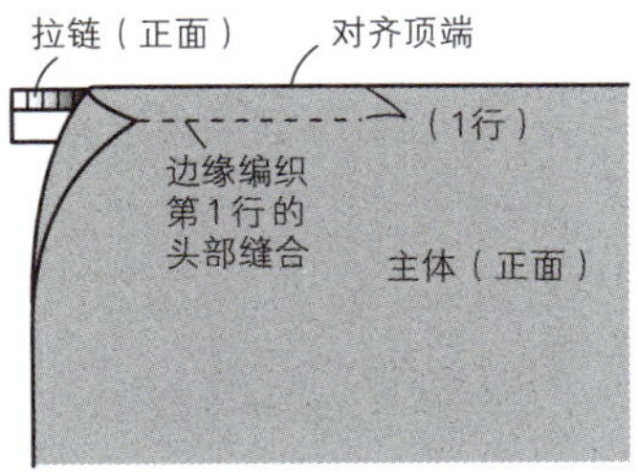

27、28

图片 ----- p.26、27 重点教程 ----- p.44

[所需物品]

线 DMC Happy Cotton

27 橘红色(790)、黄色(794)、粉色(799)…各12g，浅绿色(784)、水蓝色(785)、蓝色(786)…各11g，橘黄色(753)、绿色(781)…各10g

28 灰蓝色(759)、浅驼色(773)、褐色(777)…各18g，米色(776)…14g，黄色(771)…11g，米白色(772)…9g

针 5/0号钩针

[编织密度]

10cm×10cm面积内：条纹花样20针、17行

[完成尺寸]

参考编织图

[钩织方法](※27、28通用的钩织方法)

1 钩织主体

用与第1行同色的线钩织58针锁针起针，第1行需挑起锁针的里山钩织编织花样(参考p.44)。第2~48行钩织条纹花样。替换配色线后的线头不要剪断，暂时备用，下次配色时拉上来钩织。

2 钩织边缘编织

在两端加新线，钩织边缘编织。

3 钩织系绳

参考p.44，加入配色线钩织罗纹绳作为系绳，从钩织终点继续用基础色线钩织枣形针的装饰。

4 组合(参考p.77)

将两端折回，将上下两端均做卷针缝缝合固定。沿着织片的行做平针缝，作为袋口的分隔线。缝上系绳，制作完成。

27 主体

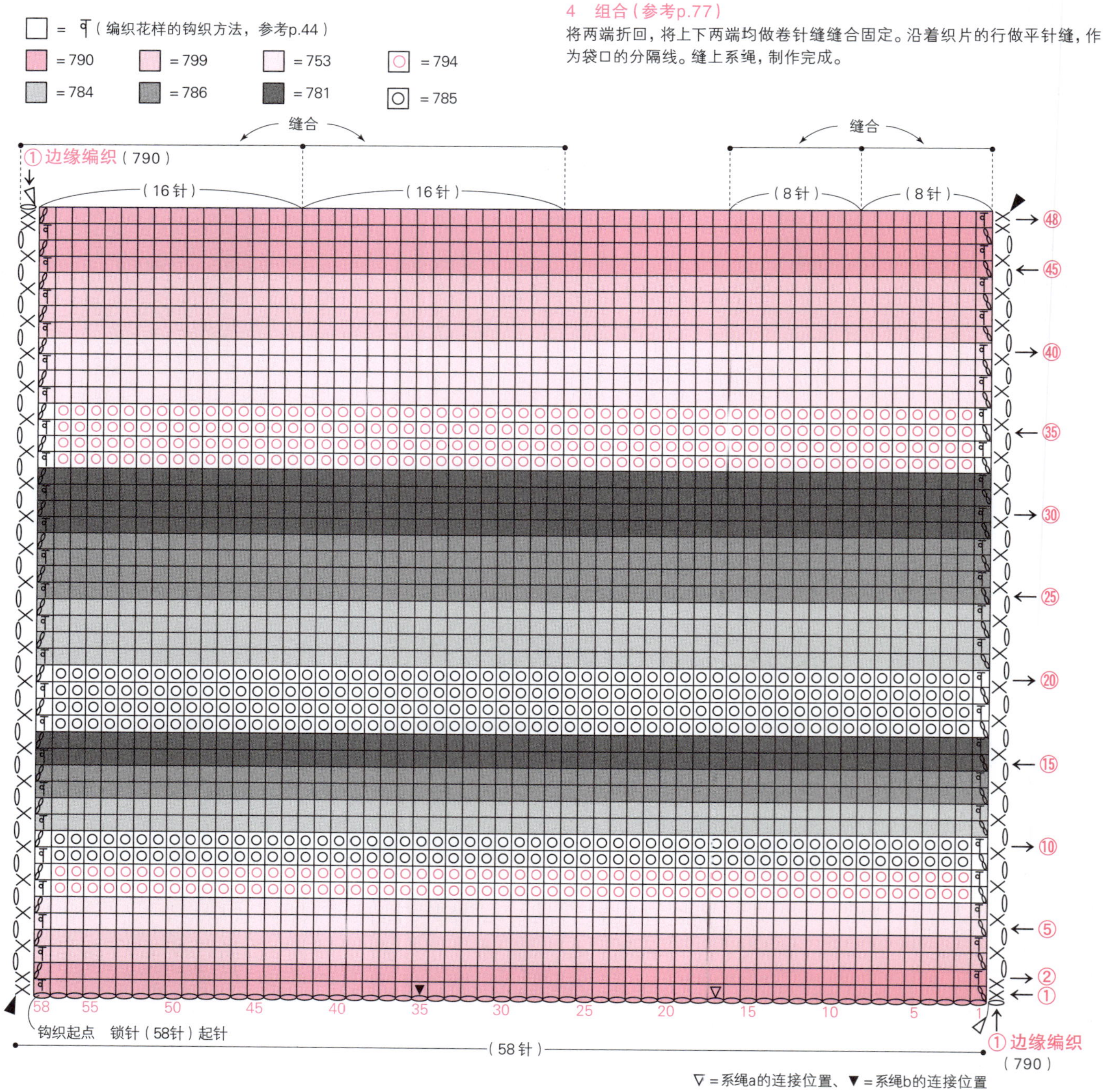

▽=系绳a的连接位置、▼=系绳b的连接位置

系绳a、系绳b 各1根

（罗纹绳的钩织方法参考p.44）

罗纹绳的配色

		基础色线	配色线
27	a	799	794
	b	784	794
28	a	759	771
	b	777	771

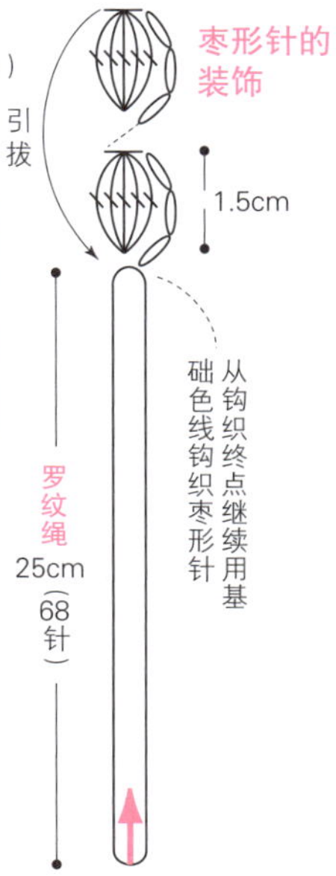

27、28

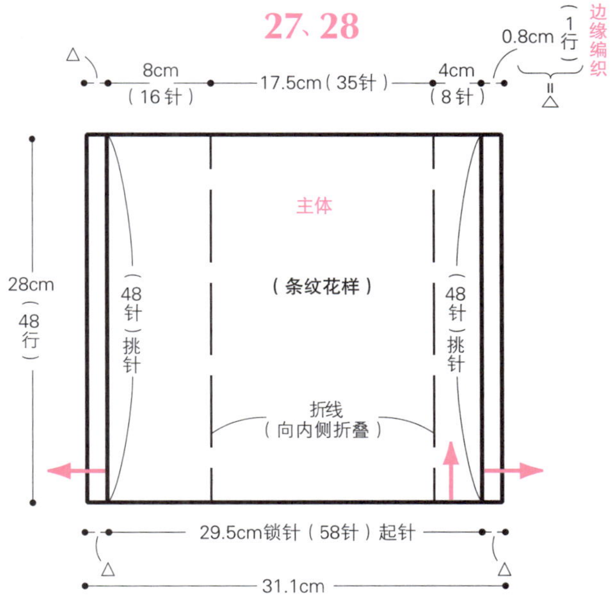

28 主体

□ = ᖷ（编织花样的钩织方法，参考p.44）

= 777　= 776

= 759　= 772

= 771　= 773

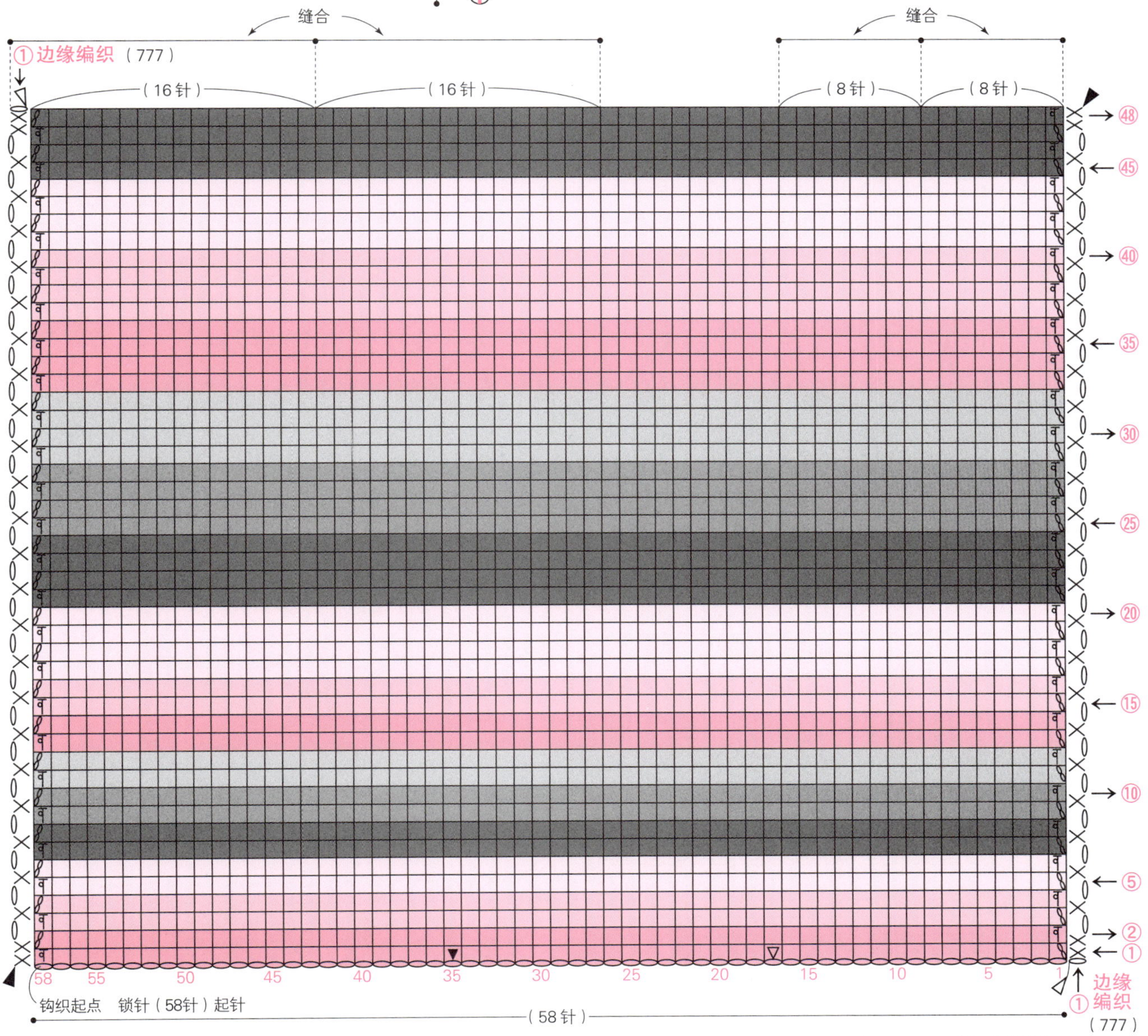

▽＝系绳a的连接位置、▼＝系绳b的连接位置

29、30

图片 ----- p.28、29　重点教程 **29** ----- p.45

[所需物品]

线　DMC Happy Cotton

29　黄色（788）…24g、蓝色（798）…9g

30　绿色（784）…25g、深粉色（755）…9g

针　5/0号钩针

其他　Flatknit拉链（20cm）/**18**（黄色）、**19**（绿色）…各1条

[编织密度]

10cm×10cm面积内：短针20针、23行，编织花样20针、10行

[完成尺寸]

参考编织图

[钩织方法]（※除指定操作外，**29**、**30** 通用的钩织方法）

1　钩织包底

钩织22针锁针起针。去行需挑起锁针的后面半针和里山钩织短针，第22针上需钩织3针做加针。回行需挑起剩余的半针钩织，在去行的钩织起点引拔钩织成环形。第2~4行需一边在两端加针，一边环形钩织。第5~7行无须加减针地环形钩织。

2　钩织包身

钩织7行编织花样（**29**参考p.45的制作步骤），边缘编织需钩织1行短针。

3　缝上拉链

参考p.41，缝上拉链，制作完成。

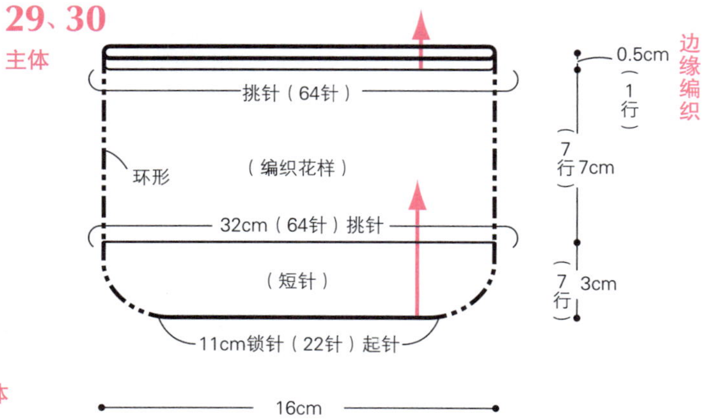

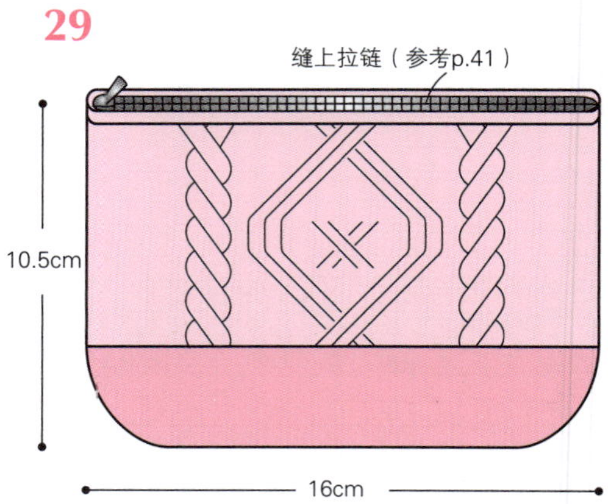

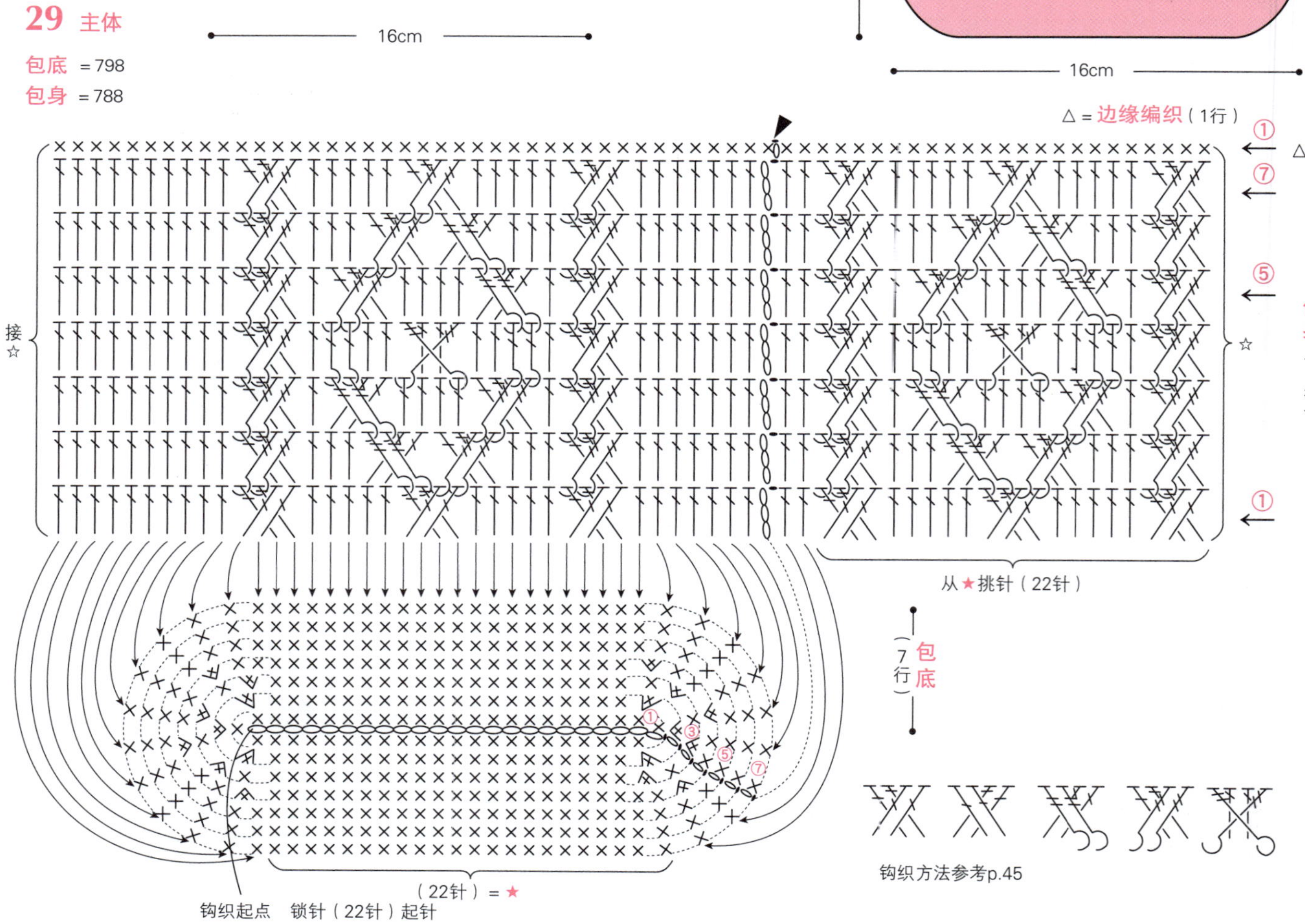

30 主体

包底 =755
包身 =784

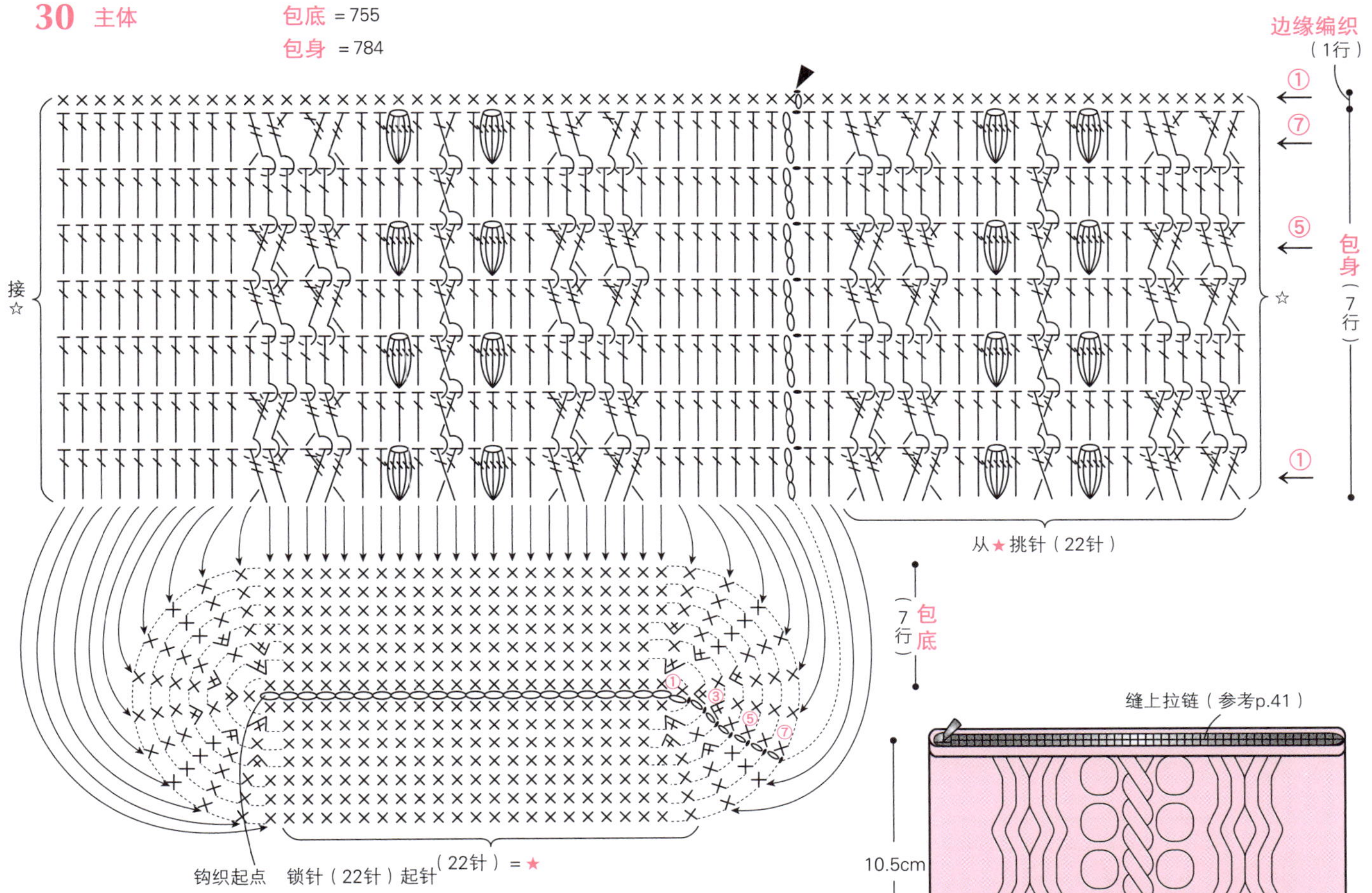

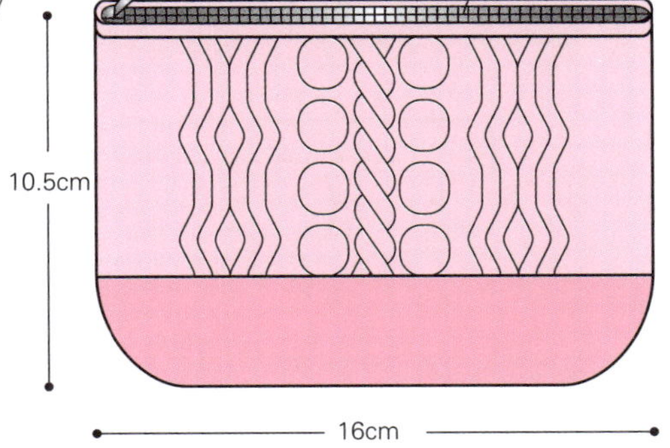

接p.74

27、28 组合方法

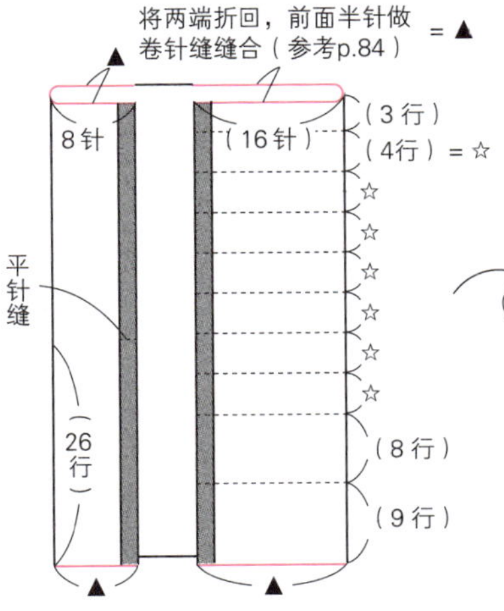

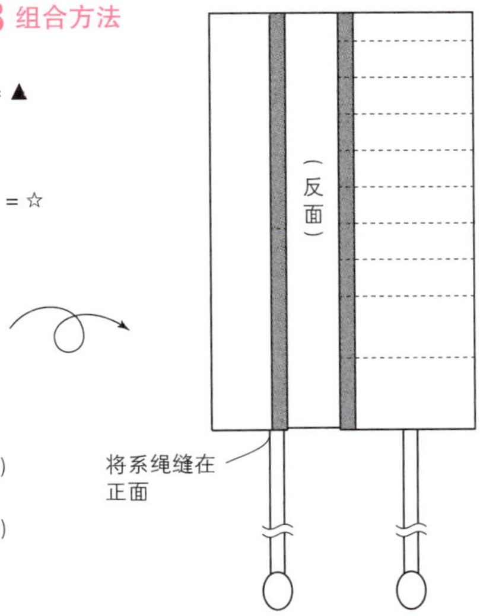

27 ※28 需替换配色线钩织

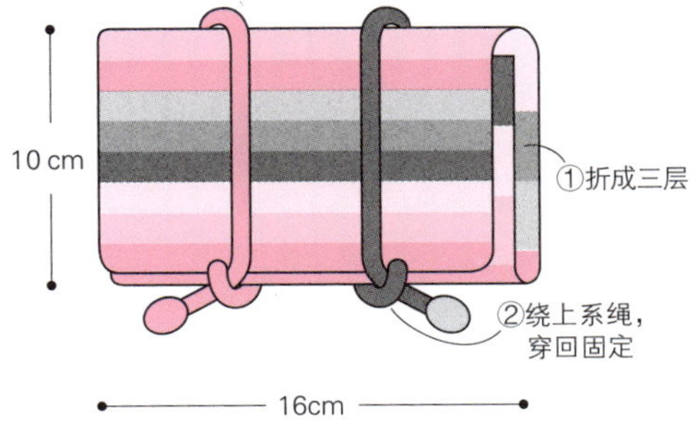

31、32

图片 ----- p.30、31

[所需物品]

线　DMC Happy Cotton

31　藏青色（758）…41g，宝蓝色（798）…34g，蓝绿色（785）、浅蓝色（797）…各12g，红色（789）…11g，深蓝色（765）、深红色（791）…各7g，绿色（781）…6g，深粉色（755）…3g

32　浅驼色（773）…34g、白色（761）…25g、绿色（780）…14g、蓝绿色（785）…10g、红色（754）…9g、浅蓝色（797）…7g、黄绿色（752）…6g、深红色（791）…3g

针　4/0号钩针

[编织密度]

10cm×10cm面积内：短针的条纹针的配色花样27针、22行

[完成尺寸]

参考编织图

[钩织方法]

31

1　钩织包底

从中心开始环形起针，第1行需编织6针短针，从第2行开始一边在6个位置加针，一边整体编织19行。

2　钩织包身

从第19行开始挑起114针，钩织短针的条纹针的配色花样，整体钩织45行，其中在第13行减针至112针，在第39行制作穿绳孔。

3　制作2个流苏，钩织2根系绳

4　组合

将系绳穿过主体，在顶端缝上流苏。

32

1　钩织主体

钩织48针锁针起针，第1行需钩织短针，在两端各加2针，钩织终点需在钩织起点上引拔，钩织成环形。从第2行开始，钩织短针的条纹针的配色花样，整体钩织48行，在第42行制作穿绳孔。

2　制作22个流苏，钩织2根系绳

3　组合

将系绳穿过主体，在顶端缝上流苏。

32　主体

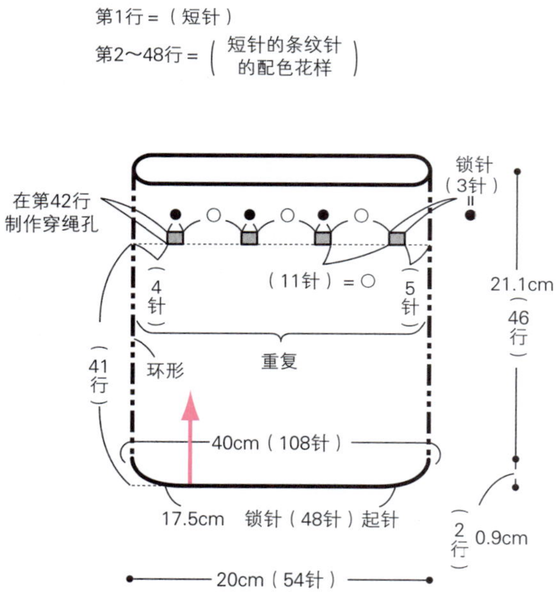

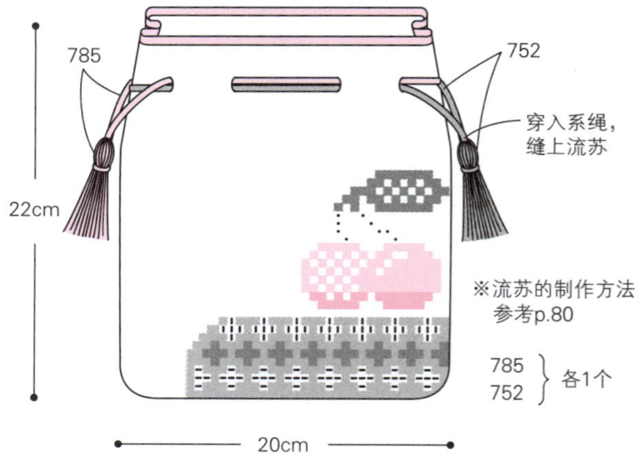

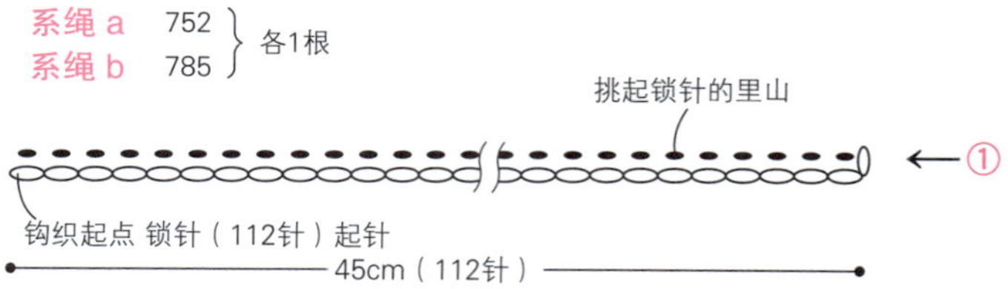

32　起针和①、②的钩织方法　773

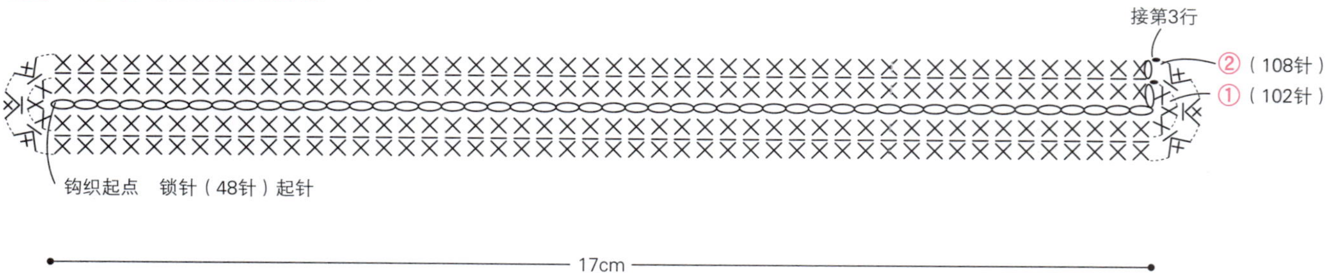

32 主体

= ╳（短针的条纹针）

= 761　　= 785

= 752　　= 780

= 754

= 791

= 773　　= 797

重叠★——★查看编织图

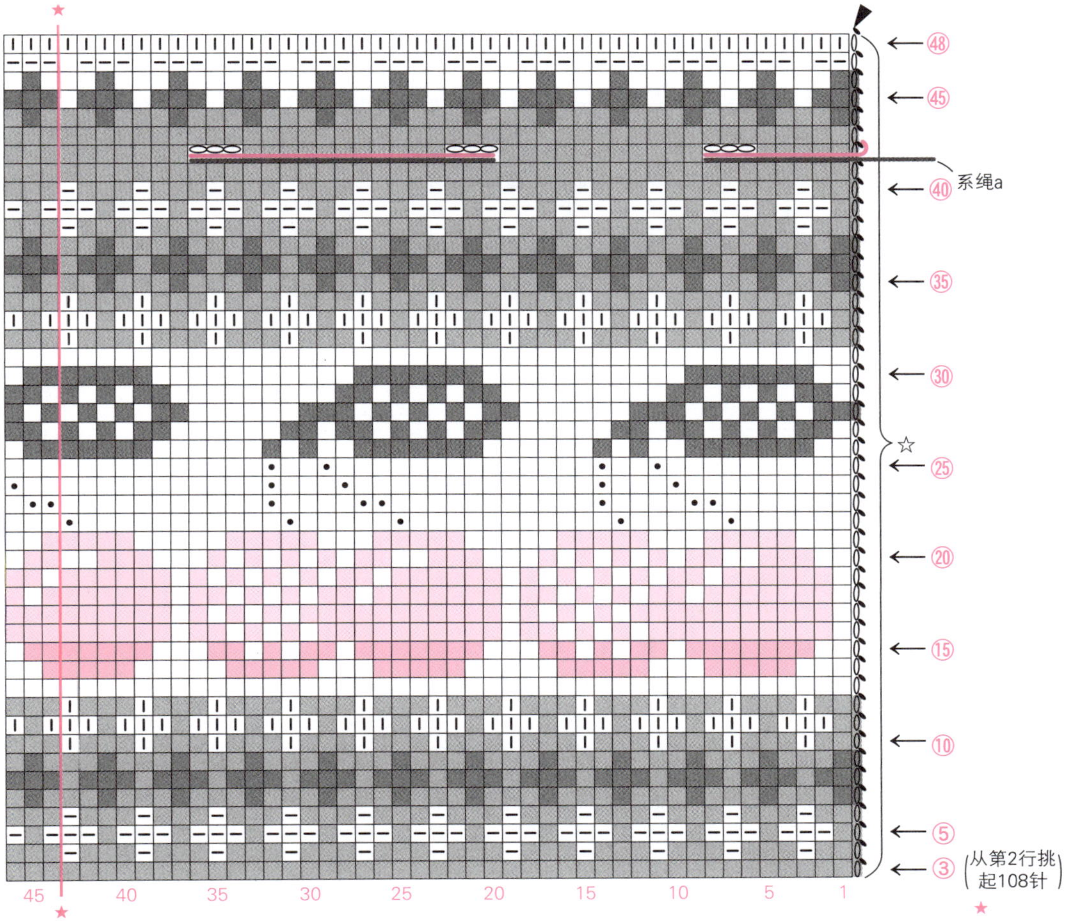

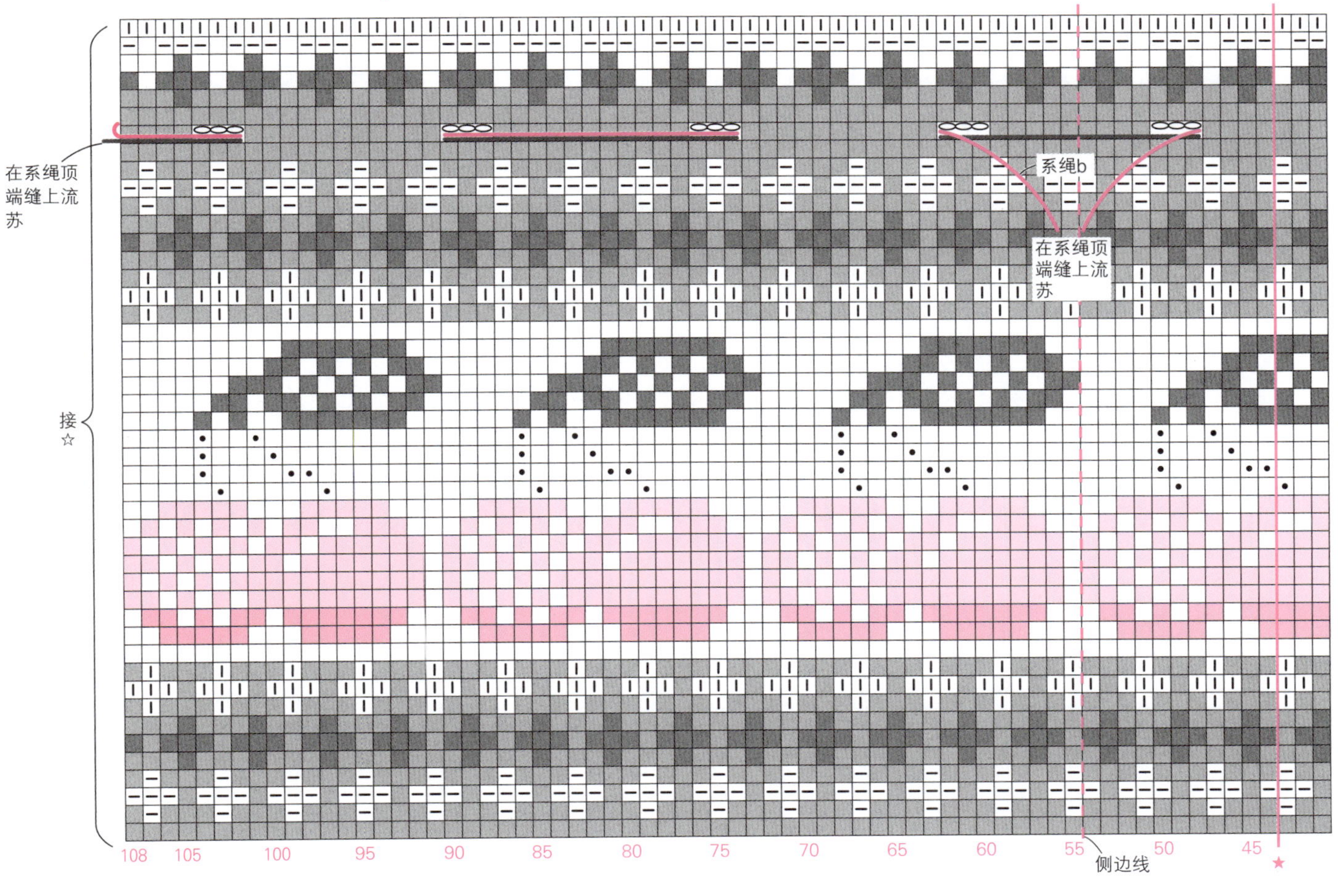

31 主体

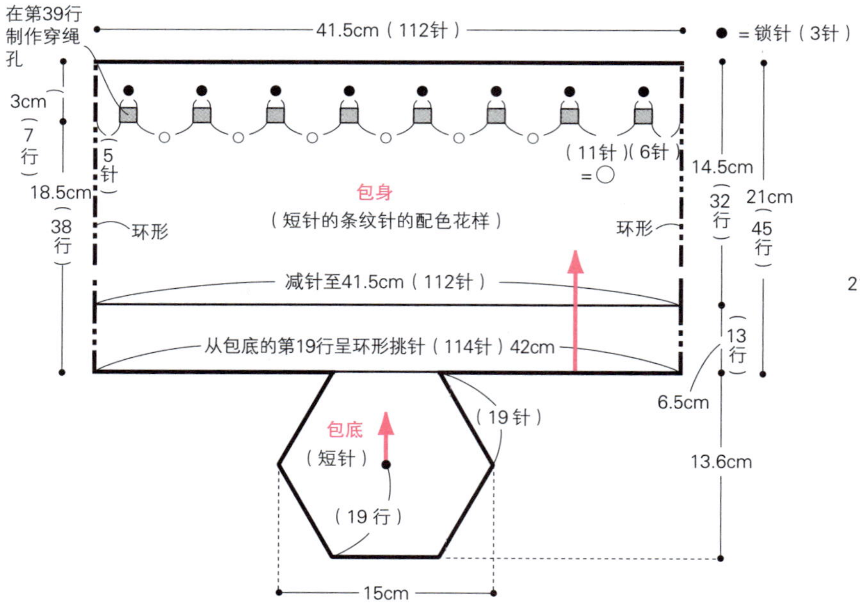

在第39行制作穿绳孔
41.5cm（112针）
● = 锁针（3针）
3cm
（7行）
（5针）
（11针）（6针）
= ○
18.5cm
（38行）
环形
包身
（短针的条纹针的配色花样）
环形
14.5cm
（32行）
21cm
（45行）
减针至41.5cm（112针）
从包底的第19行呈环形挑针（114针）42cm
（13行）
6.5cm
包底
（短针）
（19针）
（19行）
13.6cm
15cm

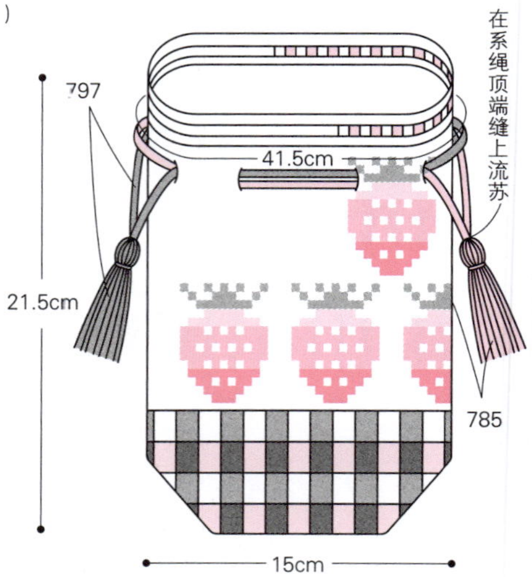

797
41.5cm
在系绳顶端缝上流苏
21.5cm
785
15cm

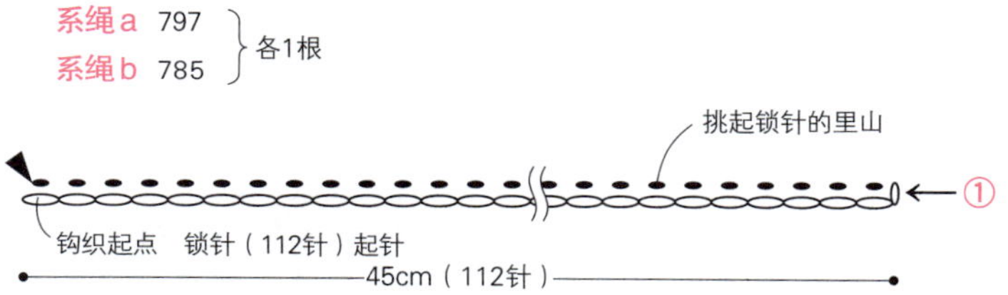

系绳a 797
系绳b 785
各1根
挑起锁针的里山
①
钩织起点
锁针（112针）起针
45cm（112针）

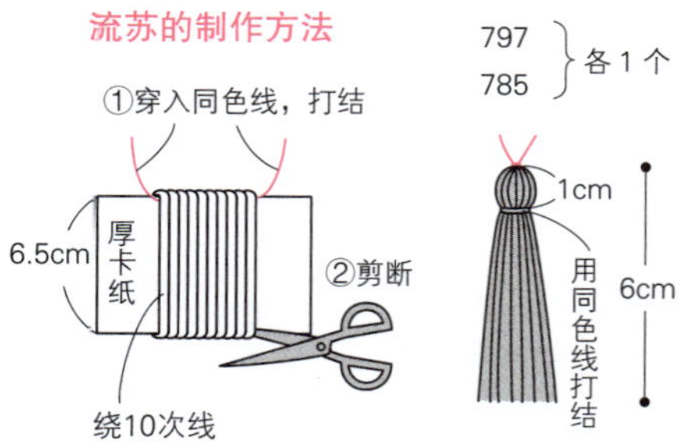

流苏的制作方法
797
785
各1个
①穿入同色线，打结
6.5cm
厚卡纸
②剪断
绕10次线
1cm
用同色线打结
6cm

包底 758

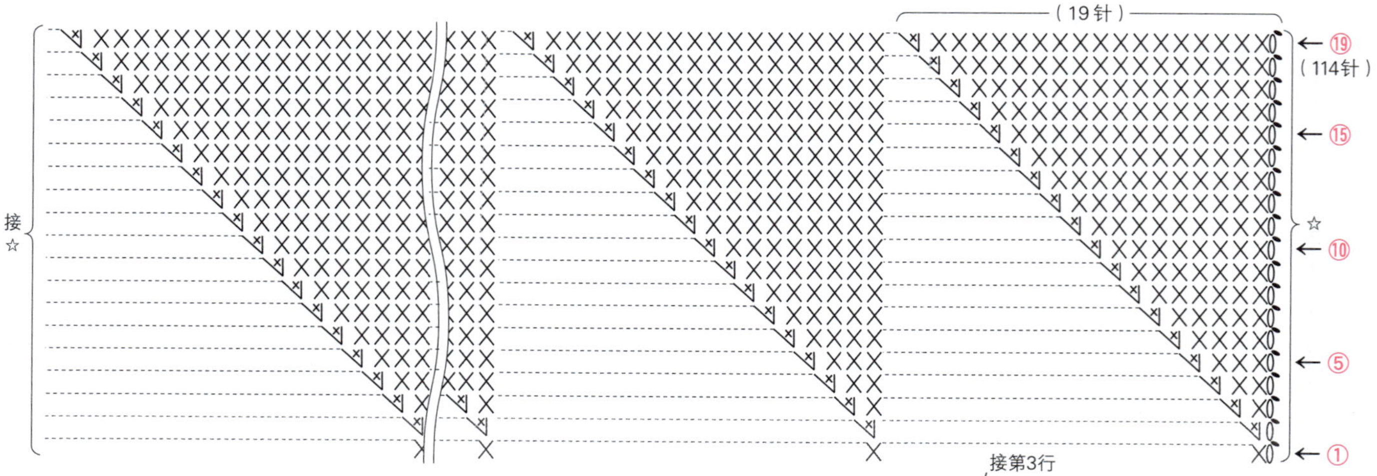

（19针）
⑲
（114针）
⑮
接☆
☆
⑩
⑤
①

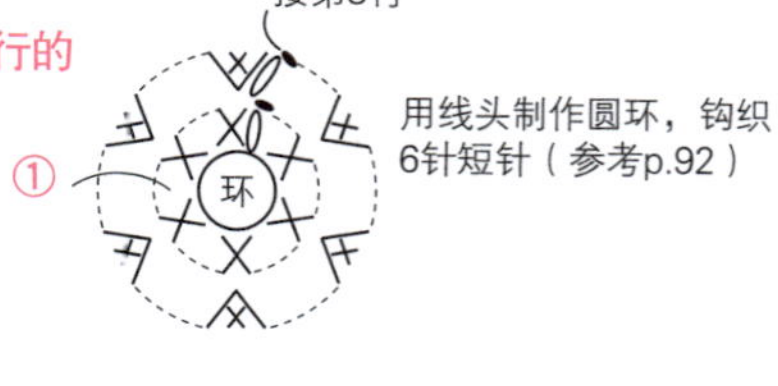

第①、②行的钩织方法
接第3行
①
环
用线头制作圆环，钩织6针短针（参考p.92）

31 主体

- □ = X（短针的条纹针）
- □ = 758
- □ = 755
- □ = 791
- ● = 785
- ■ = 798
- □ = 781
- □ = 789
- ／ = 765
- － = 797

※重叠★——★
查看编织图

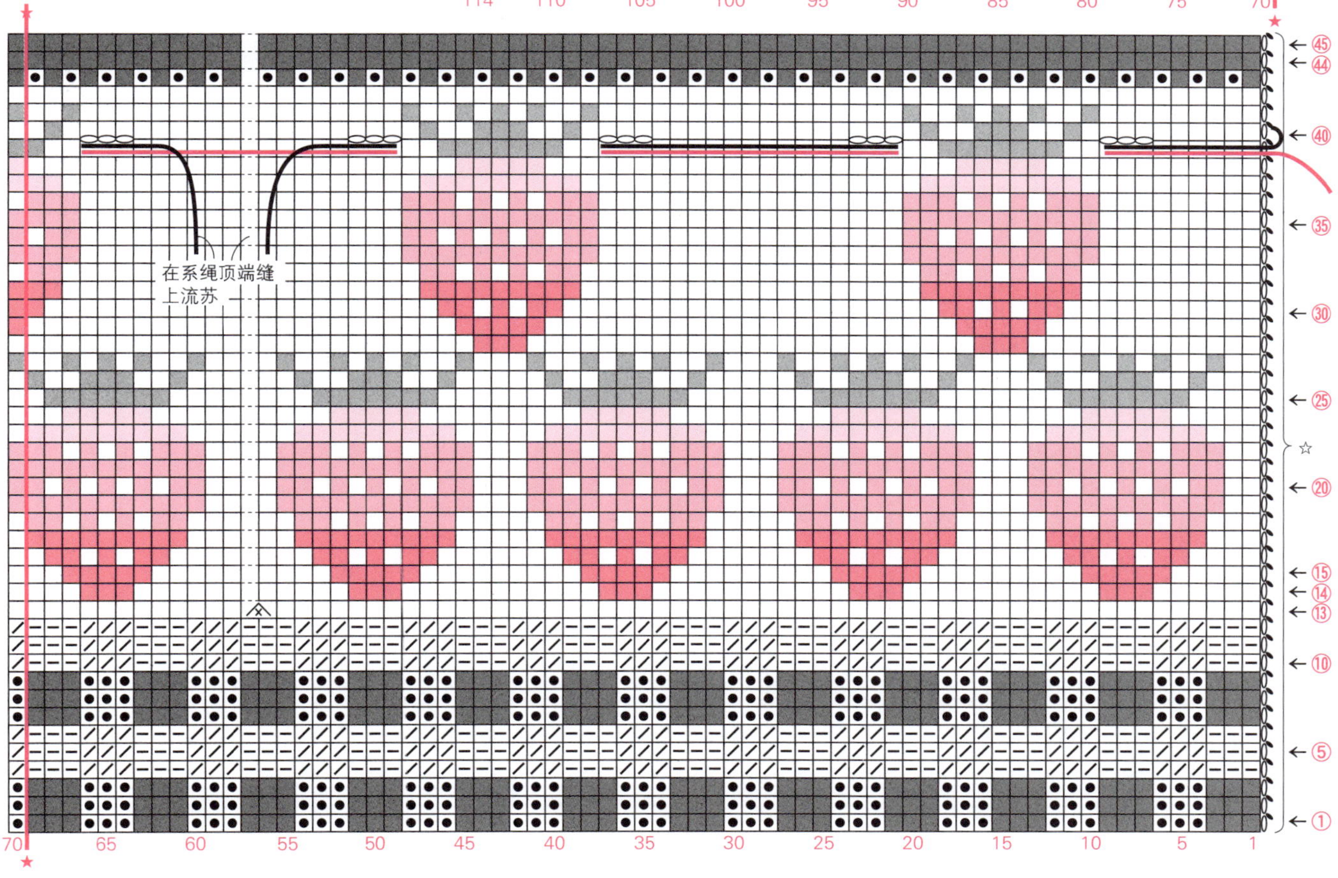

33

图片 ----- p.32

[所需物品]

线 Olympus Emmy Grande
黄色（560）…10g、白色（800）…3g

针 0号蕾丝针

[完成尺寸]

长12.5cm，宽7.5cm

[钩织方法]

1 钩织柠檬片

柠檬片需钩织6针锁针的起针，在第1针上引拔，制作成环形。参考编织图，一边加针、替换配色线，一边钩织6行。共钩织3个柠檬片，参考组合方法，重叠并缝合在一起。在周围用短针钩织1圈。

2 钩织口袋

需钩织19针锁针起针，参考编织图，钩织15行编织花样。

3 组合

将口袋织片正面向外放在柠檬片的后片上，除上侧外，缝合其他三边。

柠檬片 3个 ——=800 ——=560

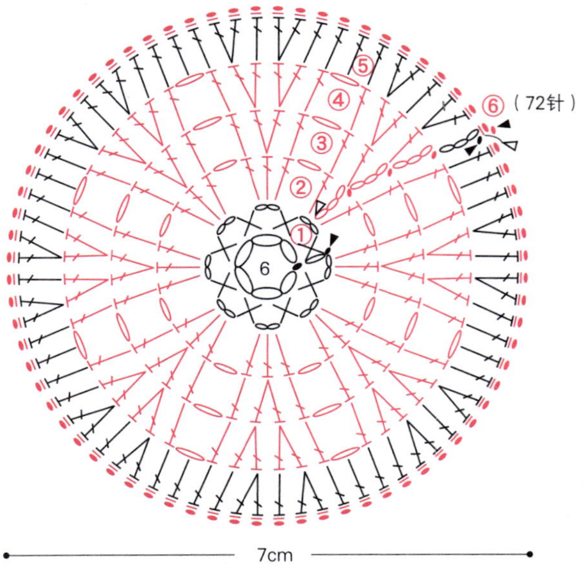

※柠檬片的第1行需整束挑起起针编织

=引拔针的条纹针

柠檬片的组合方法

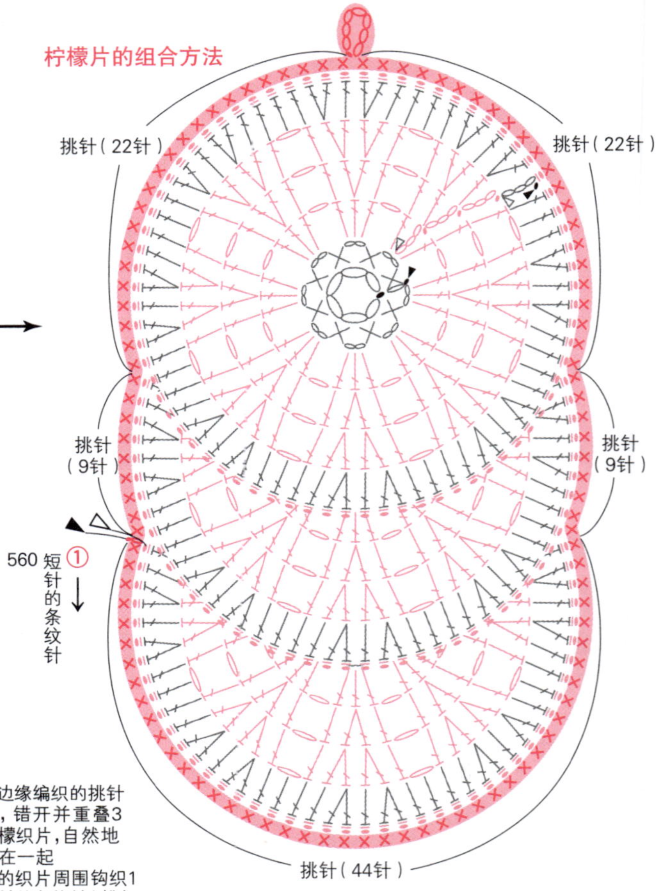

① 根据边缘编织的挑针针目，错开并重叠3个柠檬织片，自然地缝合在一起
② 在①的织片周围钩织1圈短针的条纹针（挑起 的后面半针钩织）

33、34 口袋

（33、34的卡包通用编织图）
33…560 1个
34…600 1个

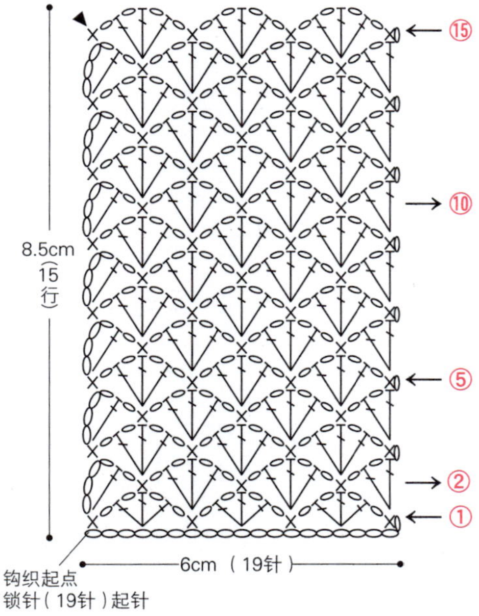

组合方法

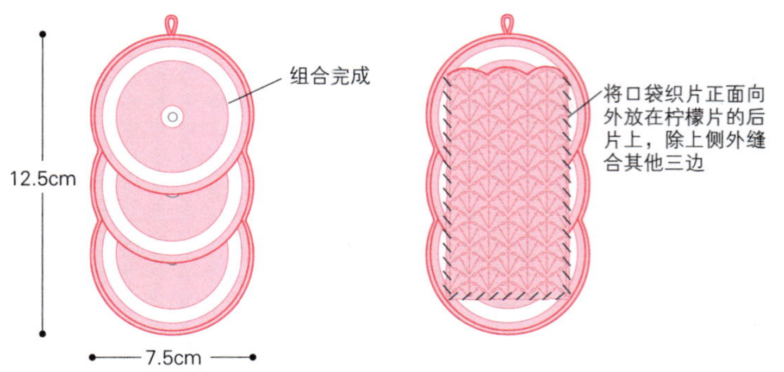

34

图片 ----- p.33

[所需物品]

线　Olympus Emmy Grande（Herbs）浅紫色（600）…9g，绿色（252）、米色（814）…各1g；Emmy Grande（Colors）紫色（675）…3g

针　0号蕾丝针

[完成尺寸]

长13cm，宽8cm

[钩织方法]

1　钩织葡萄

葡萄需分列（第①～⑤列）钩织。首先，葡萄❶环形起针，钩织第1行。继续钩织7针锁针（连接❶与❷的3针＋作为❷的底座的1针＋❷立起的3针），❷的第1行需在刚刚钩织好的锁针的第4针上钩织，再继续钩织。用相同的方法，继续钩织至❺（连接着各个葡萄的3针锁针在织片的反面）。❶～❺的第2行需在❺上加线，连续钩织并连接5个葡萄织片。相邻的❻～⓫也用相同的方法钩织，但在第2行需一边与❶～❺连接一边钩织。用相同的方法钩织并连接全部28个葡萄织片。

2　钩织口袋

需钩织19针锁针起针，参考编织图，钩织15行编织花样。

3　钩织叶子

需钩织8针锁针的起针，参考编织图，钩织4行短针。共钩织3个叶子。参考叶子的组合方法，将其重叠并缝合在一起，在组合后的中心上用12针锁针钩织蒂。

4　组合

将组合后的叶子缝合在葡萄的前片上方，将口袋正面向外放在后片上，除上侧外，缝合其他三边。

口袋的钩织方法
参考p.82

葡萄
（连编花片）

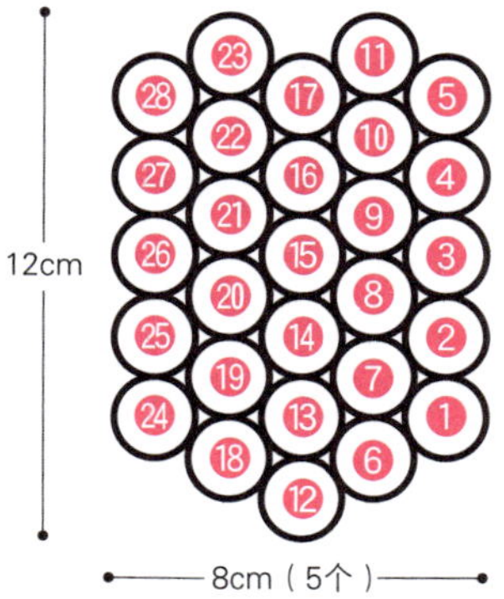

叶子　814　2个
　　　252　1个

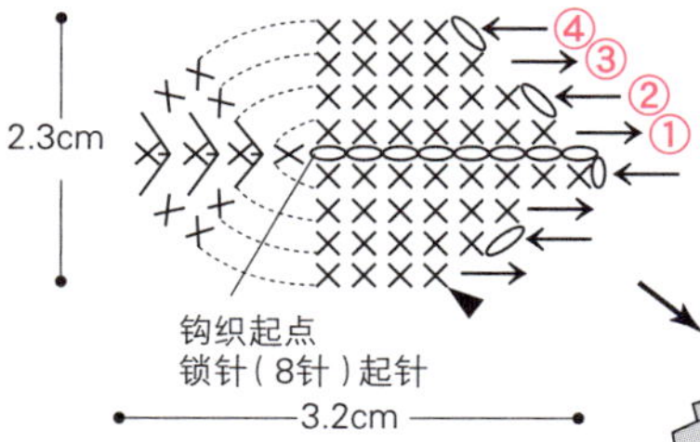

叶子的组合方法

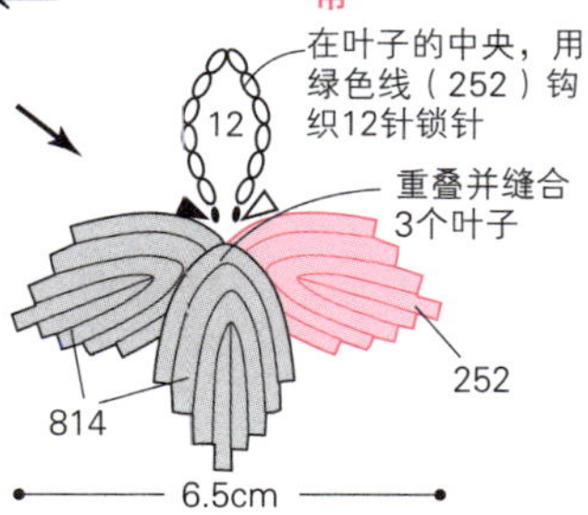

组合方法

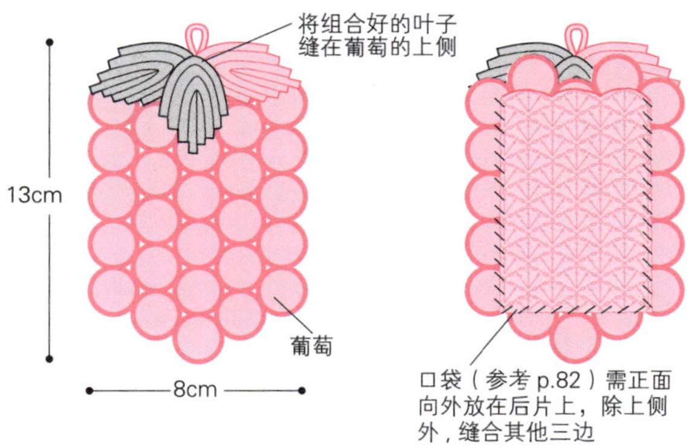

葡萄

※按第①～⑤列的顺序钩织

钩织好前一针后，将钩针暂时抽出，在箭头顶端的针目中入针，拉出针目，钩织短针

35、36

图片 ----- p.34、35

[所需物品]

线　DMC 5号刺绣线（25m装）

35　蓝色（312）…3束，灰色（644）…1束，红褐色（435）…0.5束，浅绿色（368）、黄色（307）…各0.5束

36　米色（739）…3束，咖啡色（898）…1束，深褐色（938）…0.5束，嫩绿色（3346）、粉色（3687）…各0.5束

针　0号蕾丝针

其他　拉链（约16m，**35** 藏青色、**36** 米色）…1根

[完成尺寸]

参考编织图

[钩织方法]（※除指定操作外，均为**35**、**36** 通用的钩织方法）

1　钩织主体

钩织43针锁针起针，第1行需钩织短针，从第2行开始，用短针的条纹针如图所示一边加针一边钩织5行包底（第4、5行需钩织短针的条纹针的配色花样，参考p.41）。继续钩织短针的条纹针的配色花样，钩织32行包身。在开口的最后一行钩织1行引拔针，整理形状。

2　缝上拉链（参考p.41）

在开口处缝上拉链，制作完成。

36 配色图案B

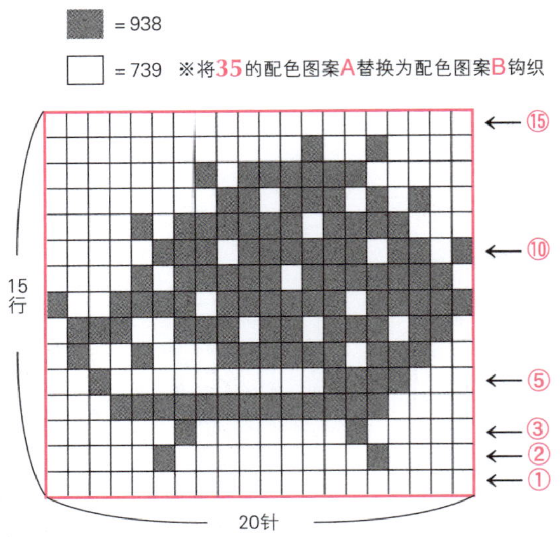

35、36

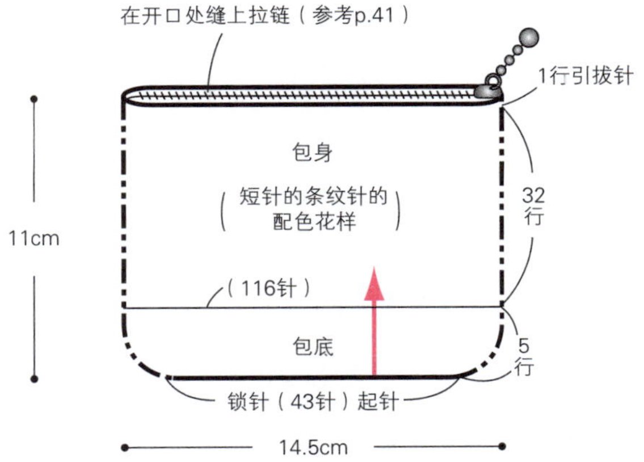

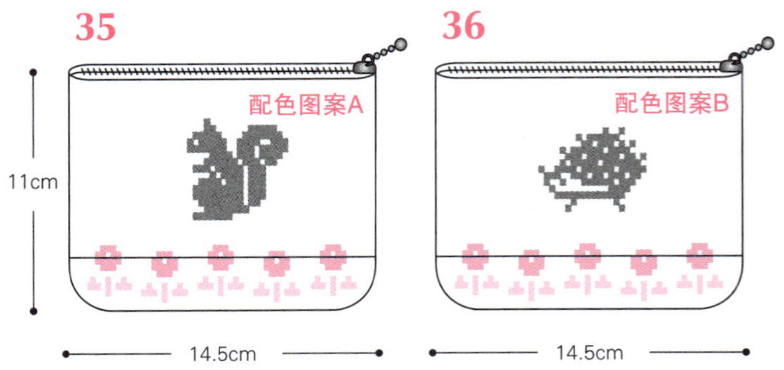

卷针缝缝合

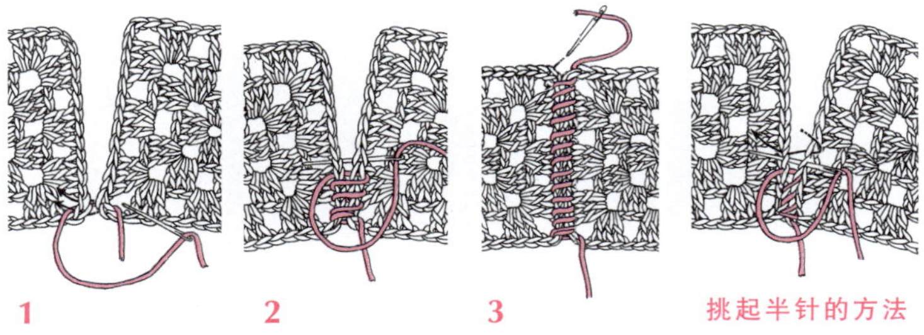

1　对齐2个织片的正面，挑起针目头部的2根线，拉出。缝合起点和终点的针目时需挑针2次。

2　一针一针地挑针缝合。

3　缝合至顶端的样子。

挑起半针的方法　对齐2个织片的正面，挑起后面半针（针目头部的1根线），拉出。缝合起点和终点的针目时需挑针2次。

引拔接合

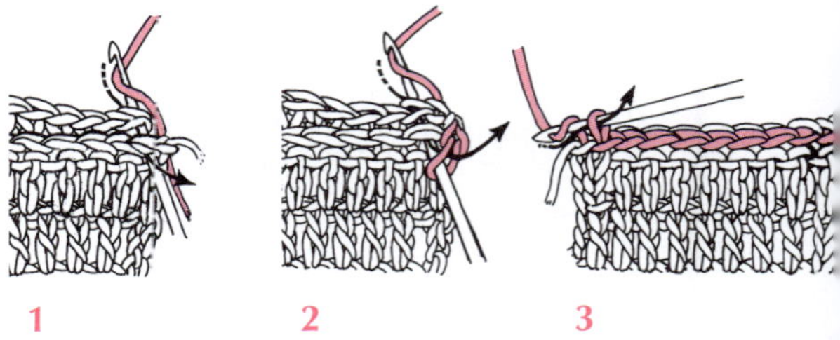

1　将2个织片正面向内对齐（或正面向外对齐），在顶端的针目中入针后拉出，再在针上挂线后引拔。

2　在下一个针目中入针，在针上挂线后引拔。重复这个操作，一针一针引拔接合。

3　终点需在针上挂线后引拔出，剪线。

35、36

主体的配色

	35	36
深灰	435	938
白	312	739
粉	307	3687
浅粉	368	3346
灰	644	898

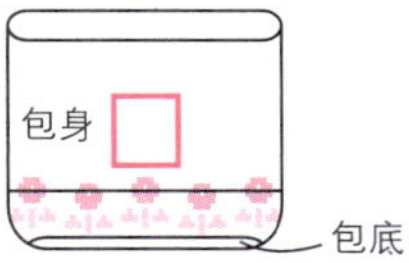

35

※下图用作品35进行讲解

※作品36需将□内的配色图案A替换成配色图案B，参考配色表编织

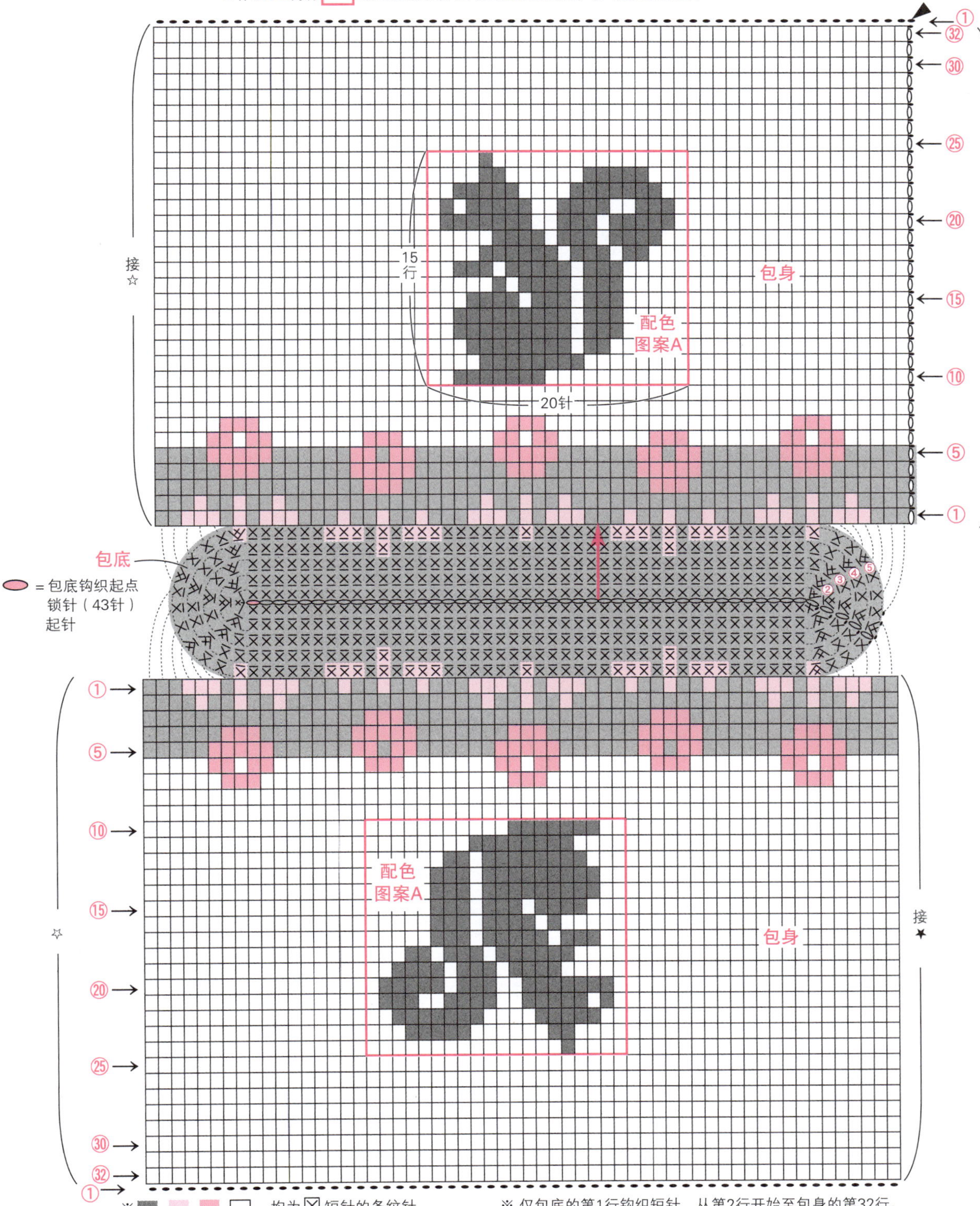

※■、■、■、□ =均为☒短针的条纹针

※ 仅包底的第1行钩织短针，从第2行开始至包身的第32行，需钩织短针的条纹针

37、38

图片 ----- p.36、37

[所需物品]

线

37 Daruma Merino 中粗 灰色(15)…20g;
小卷café Demi原白色(9)…7g、黑色(30)…2g、米色(11)…少量

38 Daruma Merino 中粗 橙色(23)…20g;
小卷café Demi白色(29)…7g、黑色(30)…3g、绿色(14)…2g

针 6/号、4/0号钩针

其他 Hobbyra Hobbyre大理石纹圆珠口金(12cm、米白色TG-OT MK01-WH)…各1个
蓬松棉…各少量

[完成尺寸]

宽13cm,高12.5cm(仅主体)

[钩织方法]

1 钩织主体

主体环形起针,参考编织图钩织。钩织相同的2个。

2 钩织各部件

37 参考编织图,钩织北极熊主体、爪子、肉垫、嘴部。

38 参考编织图,钩织熊猫主体、嘴部、竹子、眼睛。

3 组合

参考组合方法,分别组合各个部件。

4 缝合口金

将主体的★位置正面相对,做卷针缝缝合(参考p.84)。参考编织图,在主体的★处缝上口金(参考p.40)。

37、38 主体

2个 6/0号针

主体的配色

37	38
15	23

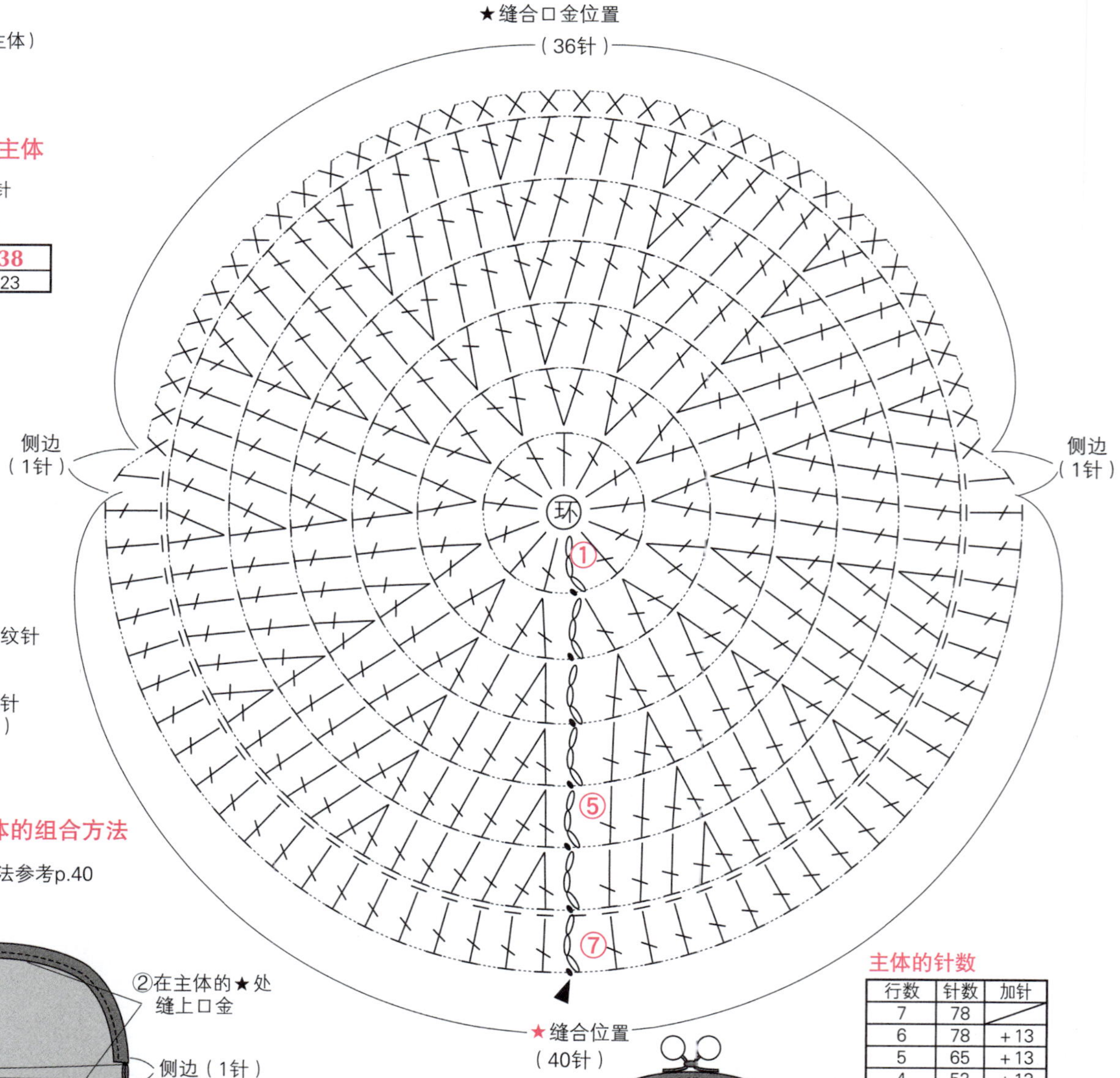

= 中长针的条纹针

= 长针的条纹针
(参考p.94)

主体的针数

行数	针数	加针
7	78	
6	78	+13
5	65	+13
4	52	+13
3	39	+13
2	26	+13
1	13	

37、38 主体的组合方法

※缝合口金的方法参考p.40

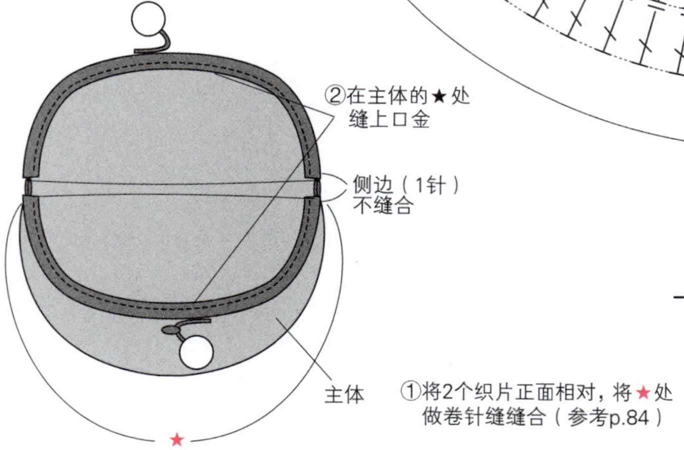

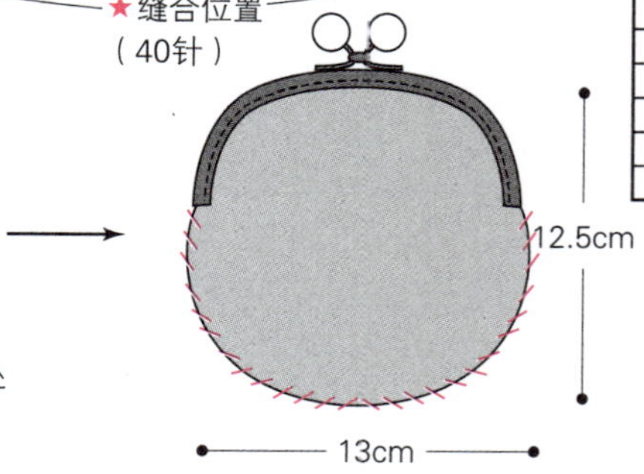

37 组合方法

※分别将各个部件缝合在主体正面的适当位置

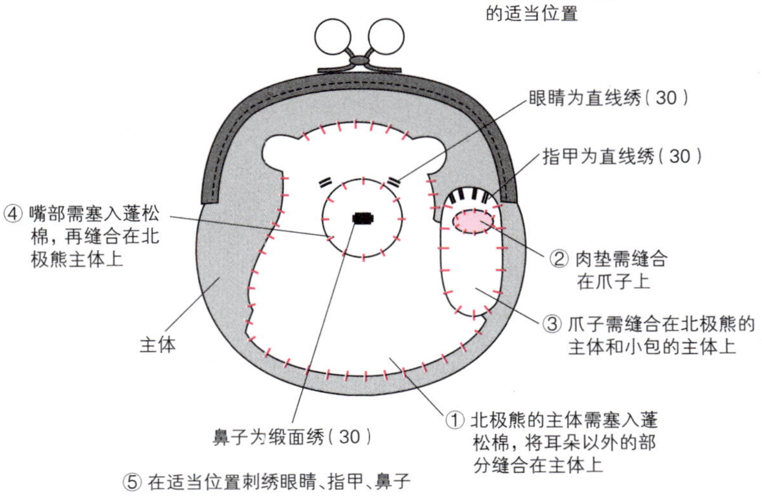

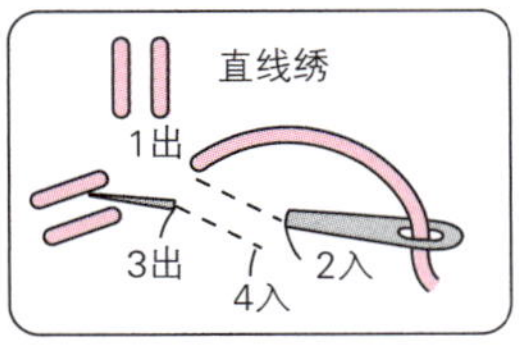

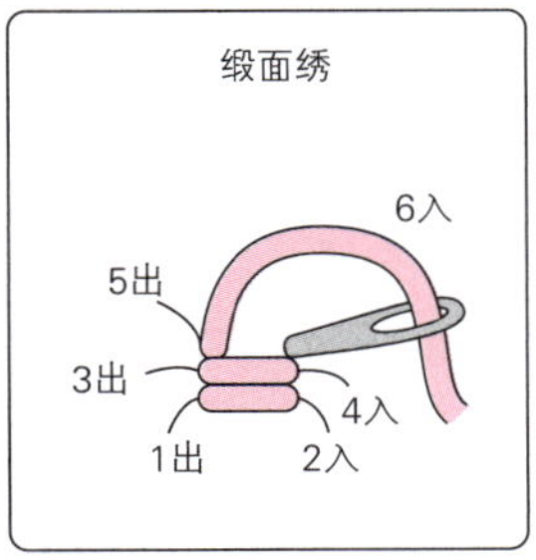

37 爪子

1个 4/0号针 9

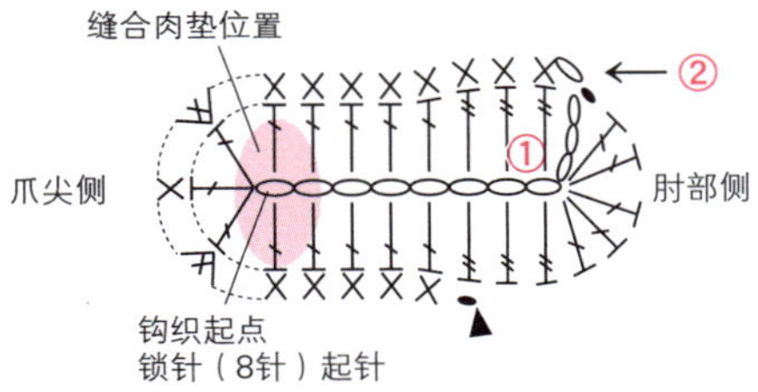

※将反面作为正面使用

37 北极熊主体

1个 4/0号针 9

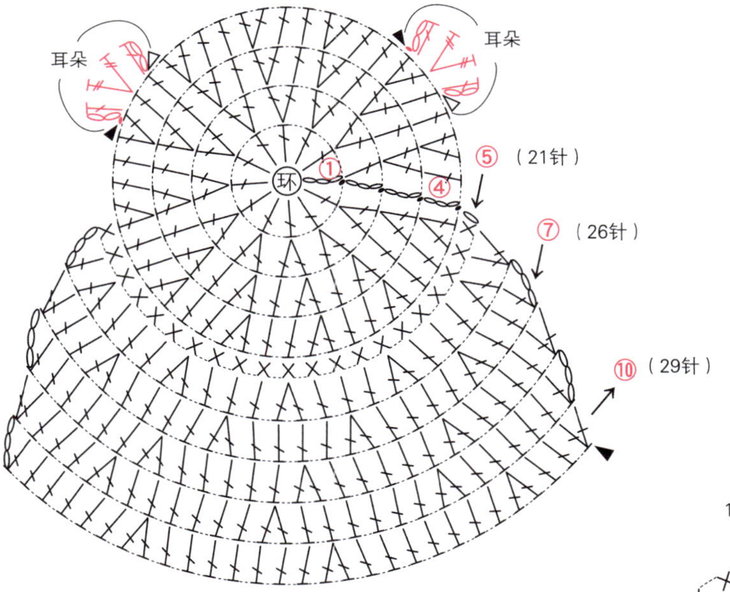

※将反面作为正面使用

37 肉垫

1个 4/0号针 11

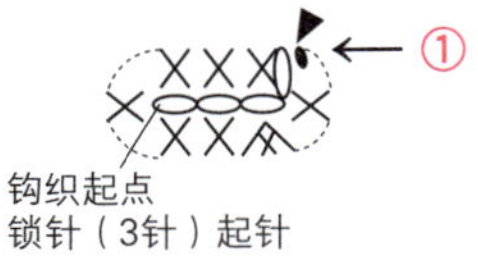

※将反面作为正面使用

37 嘴部

1个 4/0号针 9

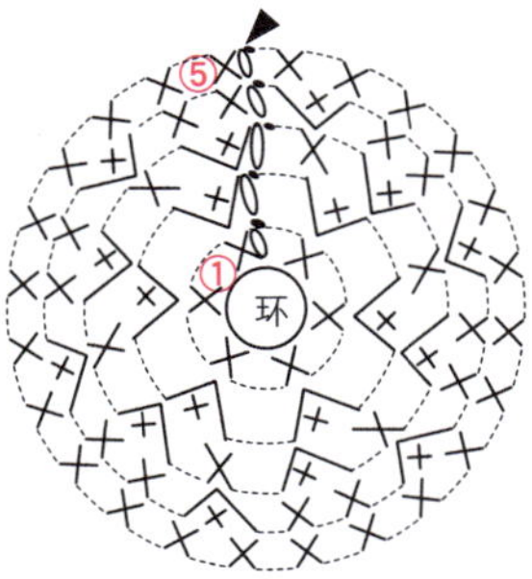

嘴部的针数

行数	针数	加针
5	24	
4	24	+6
3	18	+6
2	12	+6
1	6	

脸部的针数

行数	针数	加针
4	48	+12
3	36	+12
2	24	+12
1	12	

38 组合方法

※分别将各个部件缝合在主体正面的适当位置

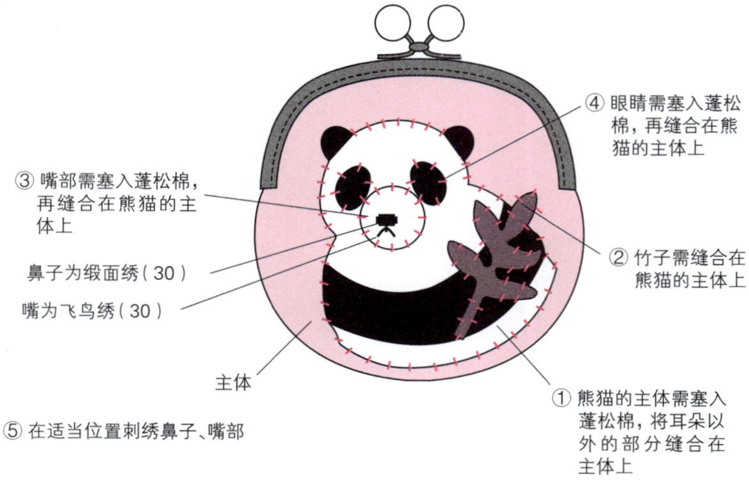

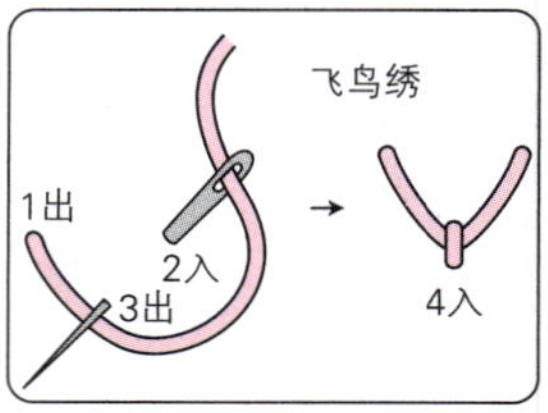

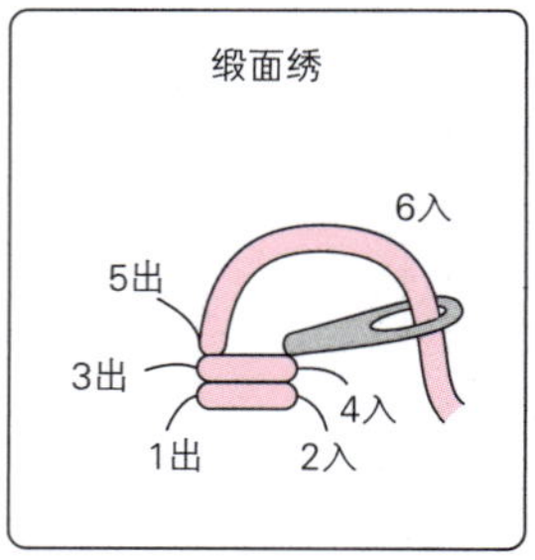

38 熊猫主体

1个 4/0号针

配色 { —— …30（红线） —— …29（黑线）

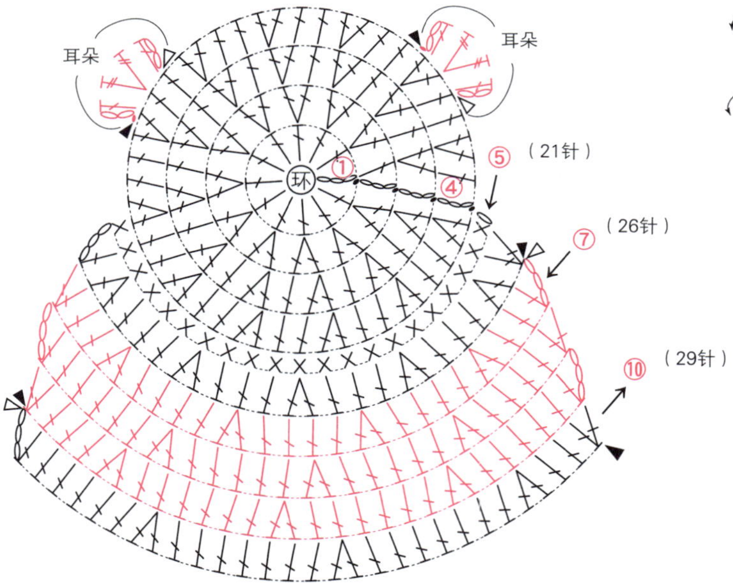

※将反面作为正面使用

38 竹子

1个 4/0号针 14

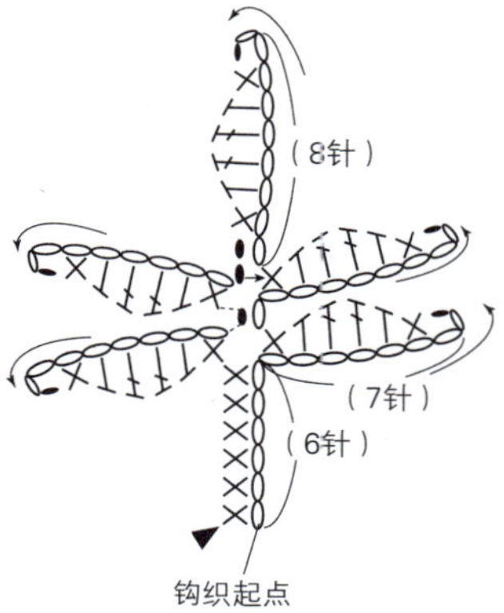

38 眼睛

2个 4/0号针 30

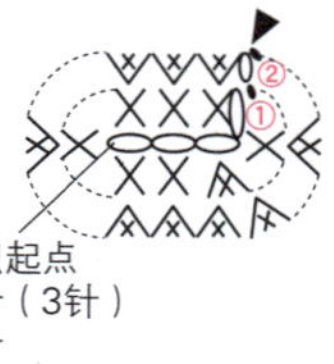

※将反面作为正面使用

38 嘴部

1个 4/0号针 29

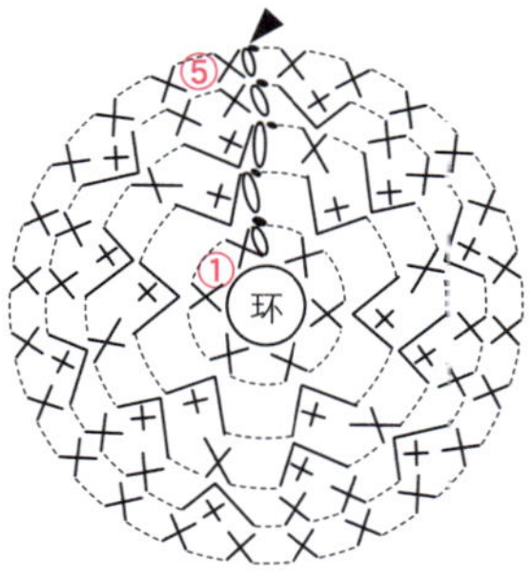

脸部的针数

行数	针数	加针
4	48	+12
3	36	+12
2	24	+12
1	12	

嘴部的针数

行数	针数	加针
5	24	
4	24	+6
3	18	+6
2	12	+6
1	6	

39、40

图片 ----- p.38、39　重点教程 ----- p.46

[所需物品]

线

39　Daruma PomPom Wool　芥末黄色（3）…39g；

小卷café Demi　灰色（28）…5g，浅米色（10）、白色（29）、黑色（30）…各少量

40　Daruma PomPom Wool　藏青色（5）…40g；

小卷café Demi　褐色（12）…5g，橙色（7）、浅米色（10）、白色（29）…各少量

针　2/0号、8/0号钩针

其他　蓬松棉…各少量

39　Hobbyra Hobbyre　大理石纹圆珠口金（12cm、藏蓝色/TG-OT MK01-N）…1个、直径6mm的铃铛…1个、蓬松棉…少量

40　Hobbyra Hobbyre　大理石纹圆珠口金（12cm、橙色/TG-OT MK01-OR）…1个、蓬松棉…少量

[完成尺寸]

宽18cm，高14cm（仅主体）

[钩织方法]

1　钩织主体

主体需环形起针，参考编织图钩织。钩织相同的2个。

2　钩织各部件

参考编织图，钩织身体、脸部、右耳（正面）、右耳（背面）、左耳（正面）、左耳（背面）、嘴部、鼻子。

3　组合部件

参考组装方法，分别组合各个部件。

4　缝合口金

将主体的★处正面相对，做卷针缝缝合（参考p.84）。参考编织图，在主体的★处缝上口金（参考p.40）。

39、40 主体

2个　8/0号针

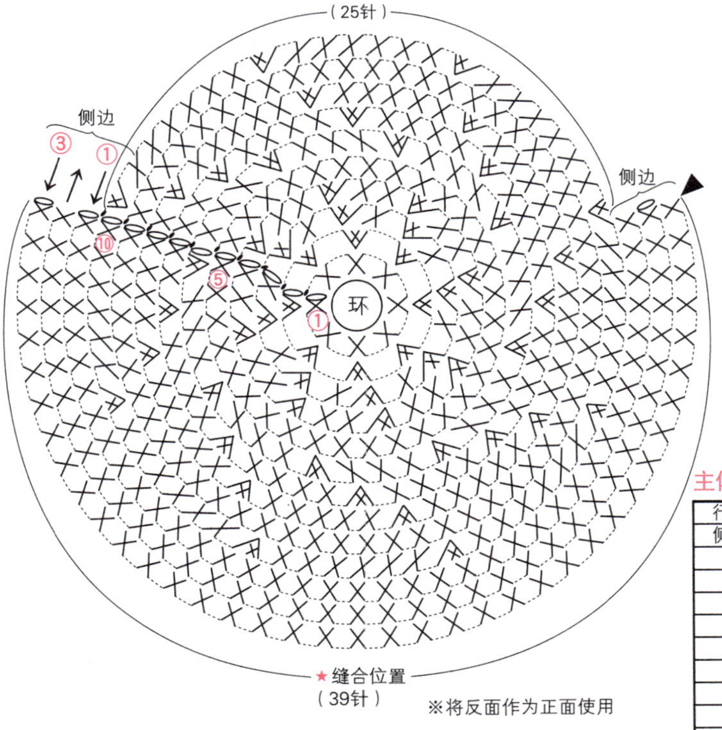

※将反面作为正面使用

主体的配色

39	40
3	5

主体的针数

行数	针数	加减针
侧边	39	-25
10	64	+8
9	56	
8	56	+8
7	48	+8
6	40	+8
5	32	
4	32	+8
3	24	+8
2	16	+8
1	8	

39、40

主体的组合方法

※连接口金的方法参考p.40

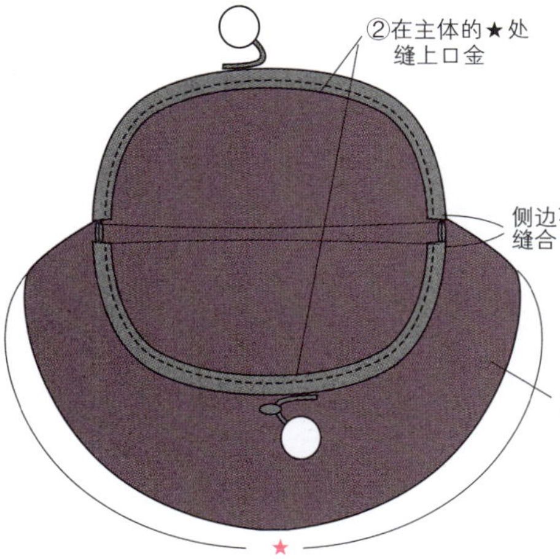

①将2个织片正面相对，将★处用卷针缝缝合（参考p.84）

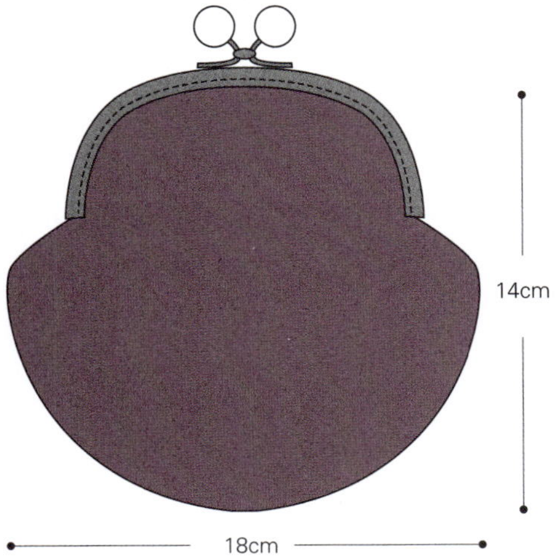

※分别将各个部件缝合
在主体正面的适当位
置（参考p.46）

39 组合方法

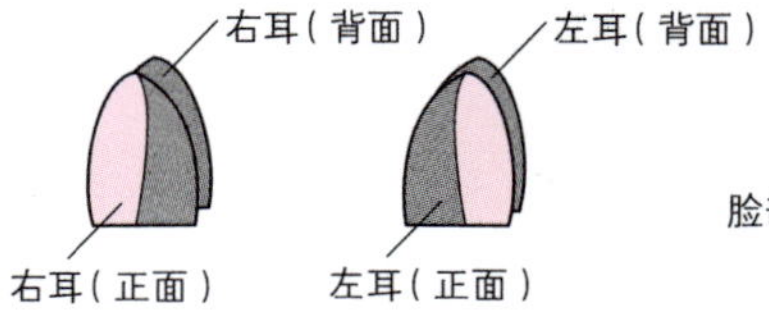

① 将右耳（背面）和右耳（正面）、左耳（背面）和左耳（正面）重叠，分别做卷针缝缝合

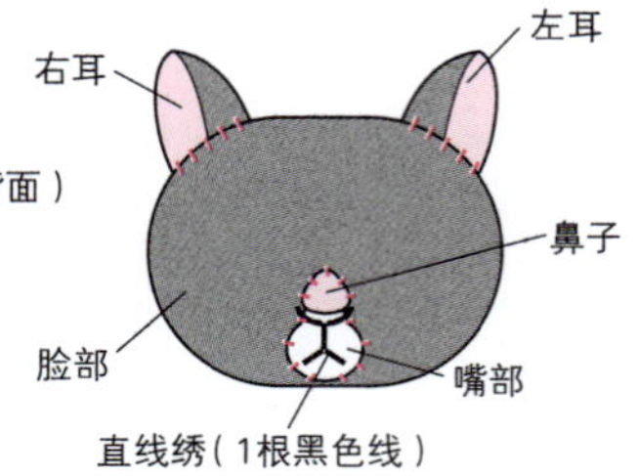

② 将嘴部放在脸部上，缝合
③ 将鼻子放在嘴部上，缝合
④ 将耳朵缝合在脸部的上侧
⑤ 在嘴部做直线绣

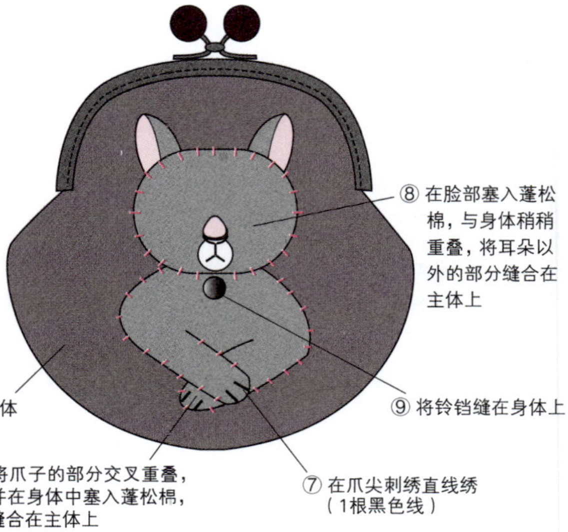

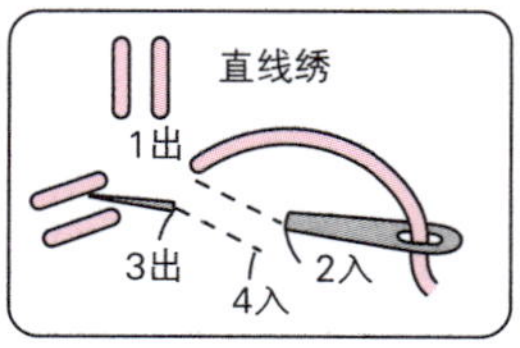

39 脸部

1个 2/0号针 28

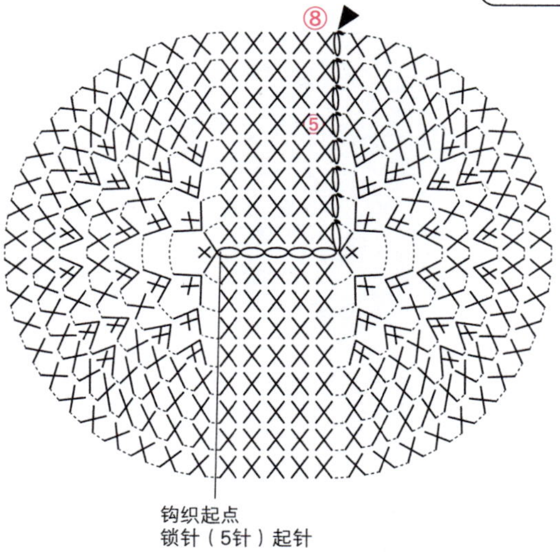

脸部的针数

行数	针数	加针
8	54	
7	54	
6	54	+12
5	42	+4
4	38	+12
3	26	+8
2	18	+4
1	14	

39 身体

1个 2/0号针 28

※在第12行继续钩织左爪

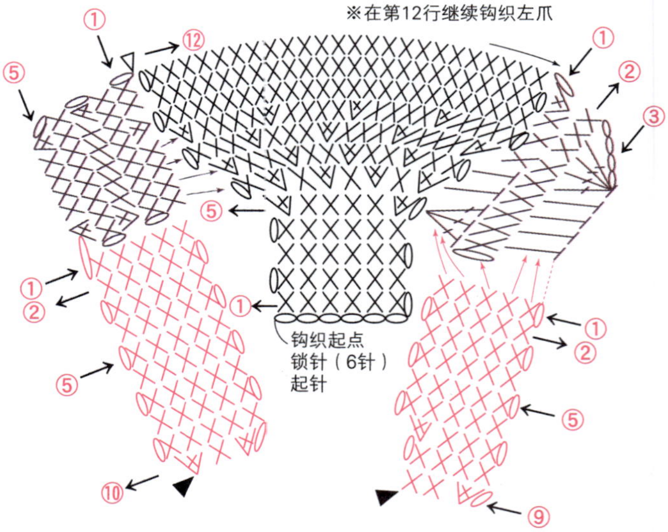

39 右耳（正面）

1个 2/0号针

配色 { ——…10 ——…28

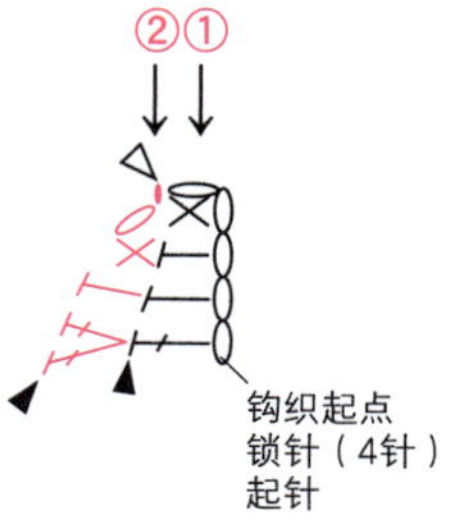

39 右耳（背面）

1个 2/0号针 28

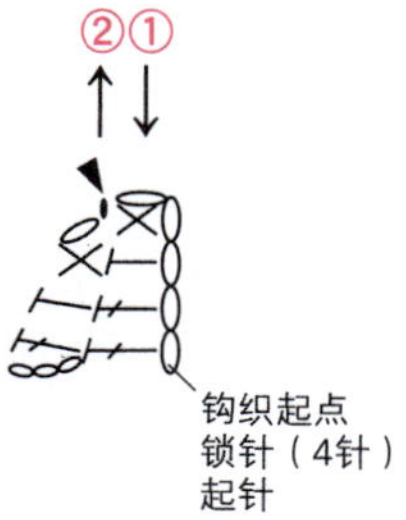

39 左耳（正面）

1个 2/0号针

配色 { ——…28 ——…10

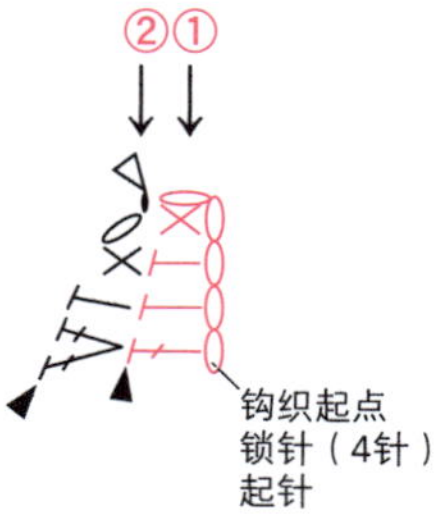

39 左耳（背面）

1个 2/0号针 28

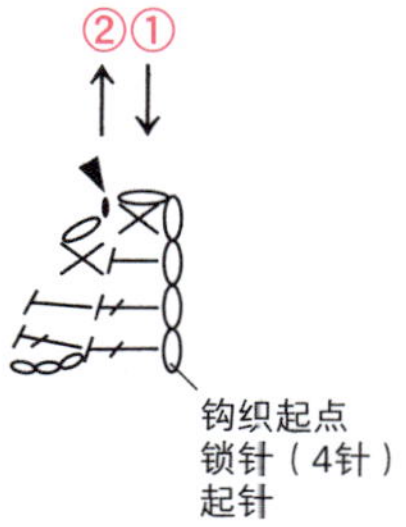

39 嘴部

1个 2/0号针 29

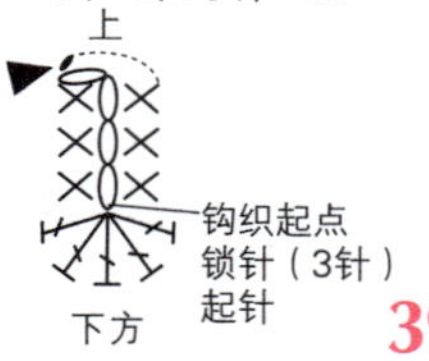

39 鼻子

1个 2/0号针 10

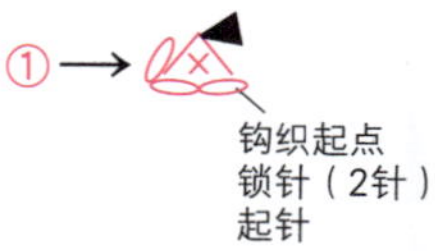

※将反面作为正面使用

40 组合方法

※分别将各个部件缝合在主体正面的适当位置（参考p.46）

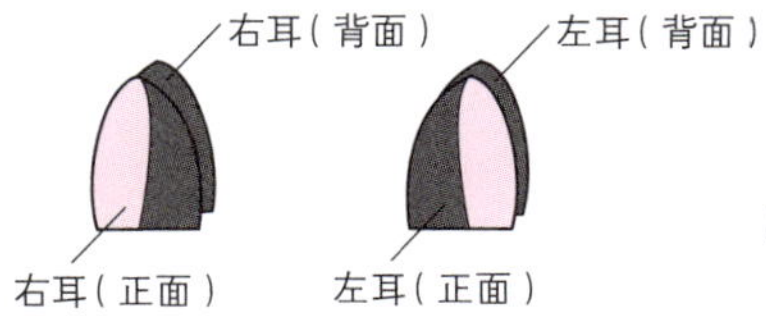

①将右耳（背面）和右耳（正面）、左耳（背面）和左耳（正面）重叠，分别做卷针缝缝合

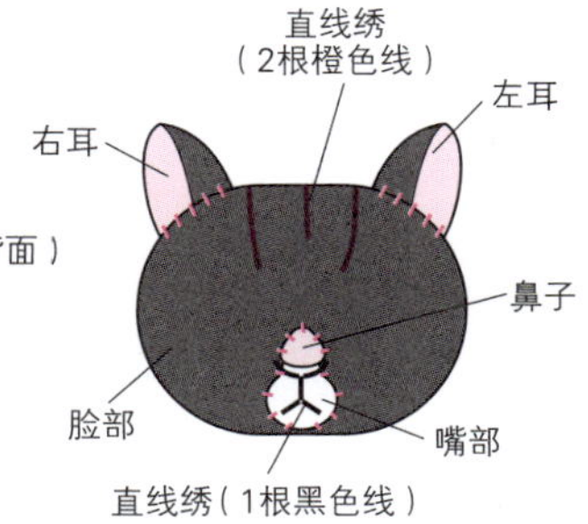

②将嘴部放在脸部上，缝合
③将鼻子放在嘴部上，缝合
④将耳朵缝合在脸部的上侧
⑤在额头和嘴部做直线绣

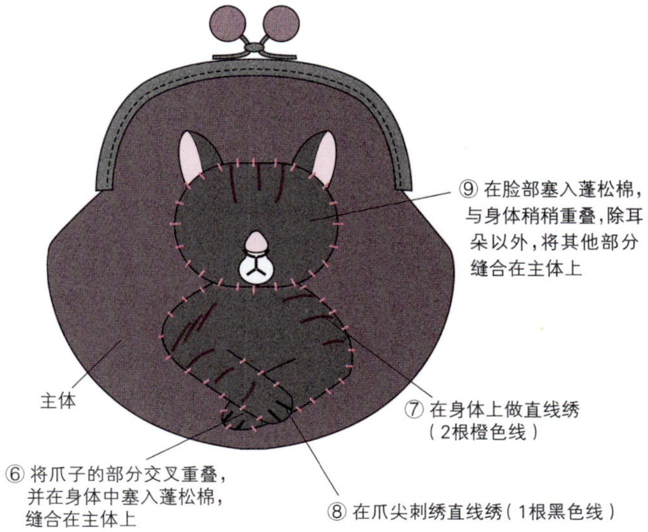

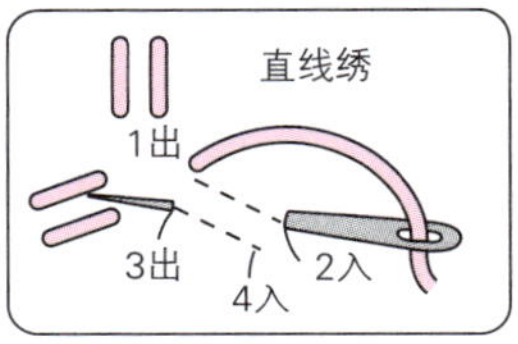

40 脸

1片 2/0号针 12

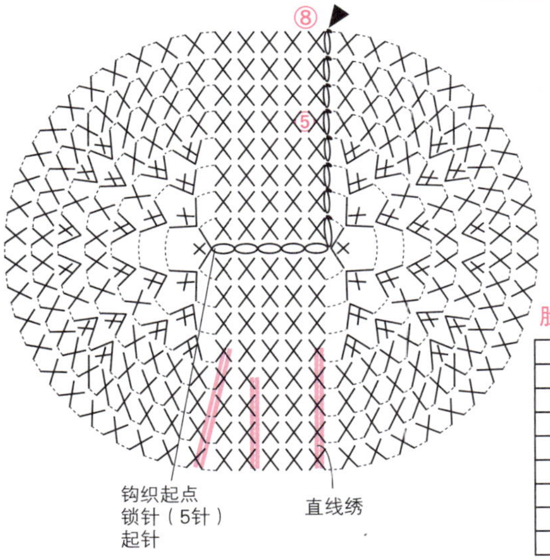

脸部的针数

行数	针数	加针
8	54	
7	54	
6	54	+12
5	42	+4
4	38	+12
3	26	+8
2	18	+4
1	14	

40 身体

1个 2/0号针 12

※在第12行继续钩织左爪

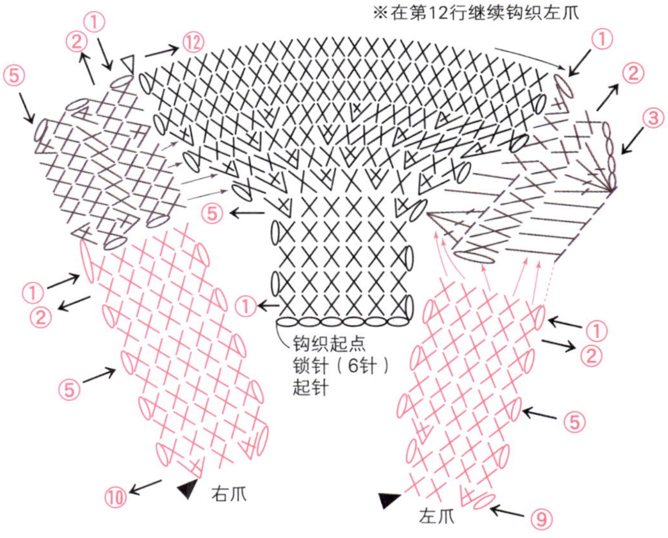

40 右耳（正面）

1个 2/0号针

配色 { ——…10 ——…12

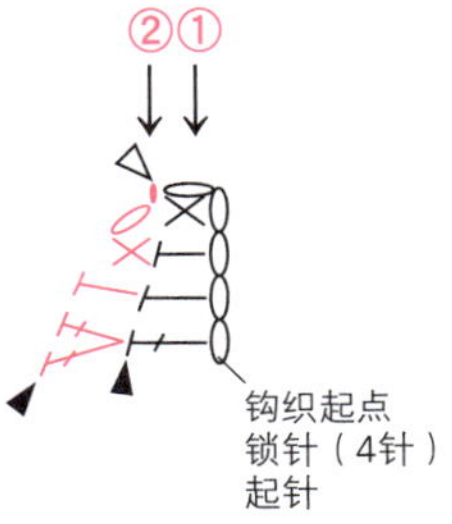

40 右耳（背面）

1个 2/0号针 12

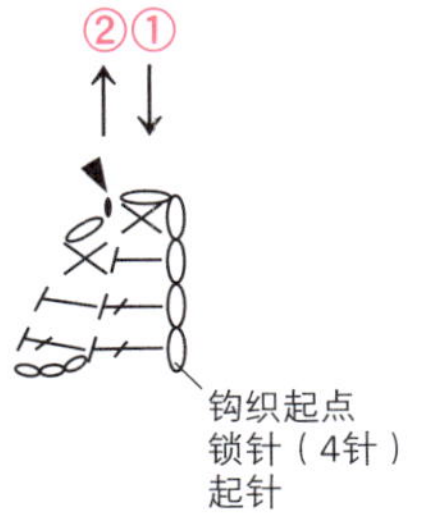

40 左耳（正面）

1个 2/0号针

配色 { ——…12 ——…10

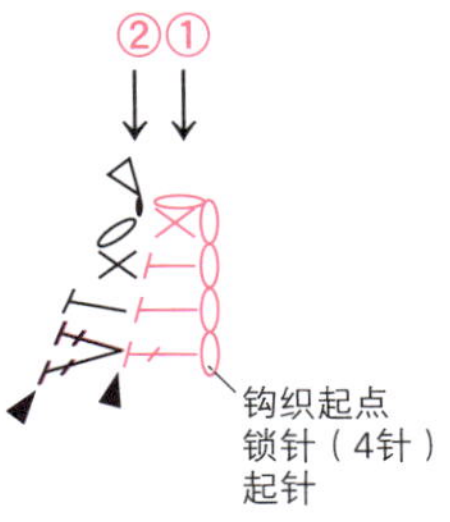

40 左耳（背面）

1个 2/0号针 12

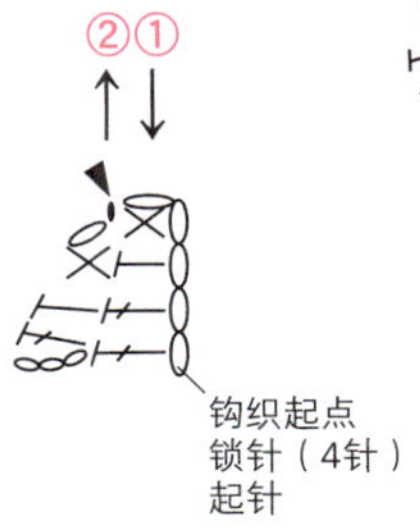

40 嘴部

1个 2/0号针 29

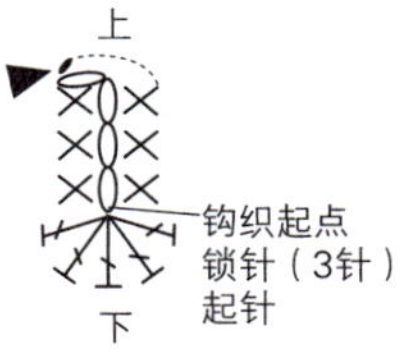

40 鼻子

1个 2/0号针 10

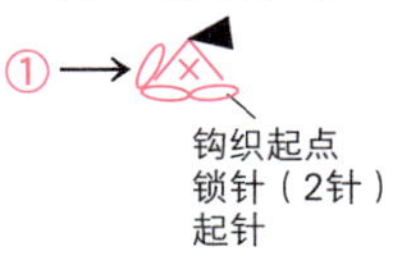

※将反面作为正面使用

钩针编织基础

编织图的看法

本书中的编织图均为从正面看到的标记。
在钩针编织中，没有上针和下针的区别（拉针除外）。
即使是在交替看着正面与反面进行钩织的平针编织中，符号的标记也是相同的。

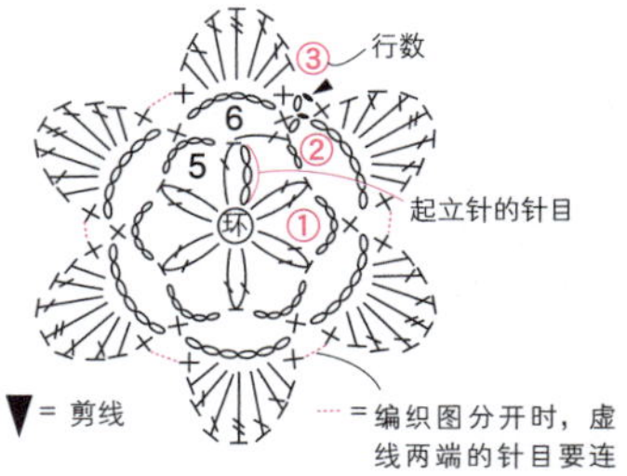

▼= 剪线

= 编织图分开时，虚线两端的针目要连着编织

从中心开始钩织成环形时

在中心制作圆环（或锁针），然后一圈一圈钩织。在各行的起点钩织起立针，一行一行钩织下去。通常都是看着织片的正面，从右向左看着编织图进行钩织。

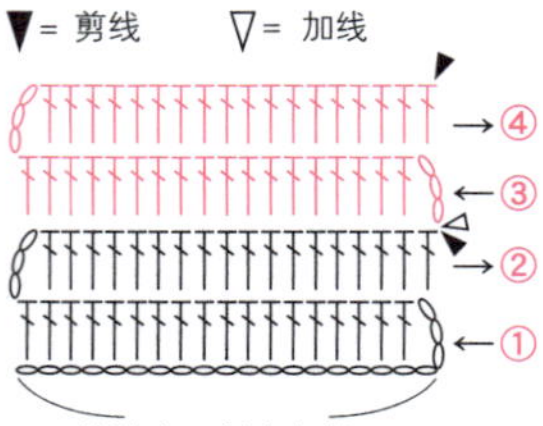

平针编织时

以左右的起立针为标志，基本钩织方法是：右侧出现起立针时就看着织片的正面，从右向左参照编织图钩织；左侧出现起立针时就看着反面，从左向右参照编织图钩织。左图为在第3行更换了配色线的编织图。

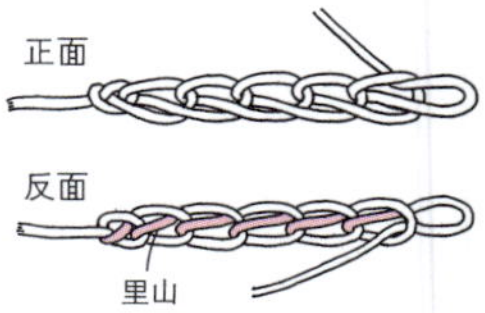

锁针的看法

锁针的针目有正、反面之分。在反面的中间有1根线，这个位置叫作锁针的“里山”。

线和针的拿法

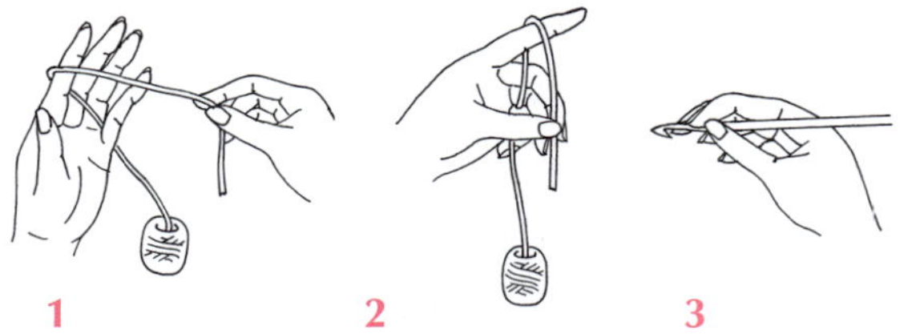

1 将线从左手的小指和无名指之间拉至前面。线挂在左手食指上，将线头拉至前面。

2 用左手拇指和中指捏住线头，立起食指，将线拉紧。

3 用右手拇指和食指握住针，中指轻轻托住针尖。

最初的针目的制作方法

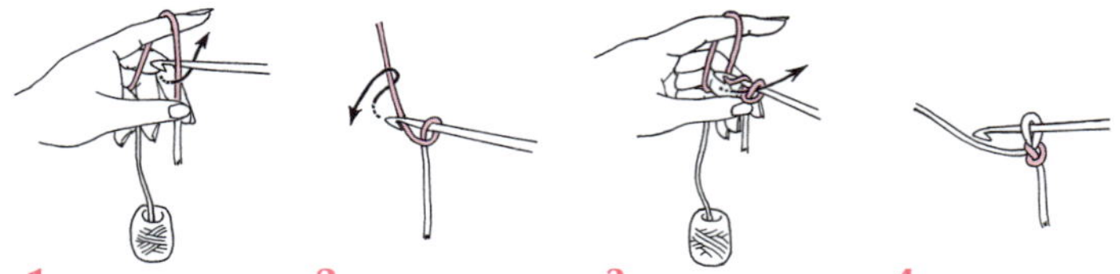

1 如箭头所示，从线的外侧转动针尖。

2 再次在针上挂线。

3 穿过线圈，将线拉至前面。

4 拉出线头，拉紧针目，最初的针目就完成了（这个针目不算作第1针）。

起针

从中心开始环形钩织
（用线头制作圆环）

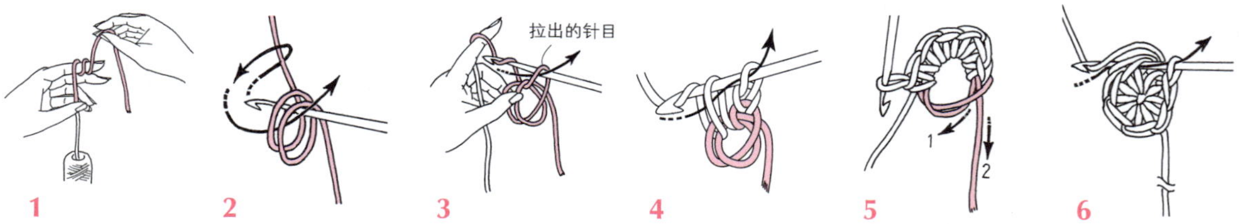

1 在左手的食指上绕2次线，制作圆环。

2 摘下圆环后用手拿住，在圆环中入针，挂线，拉至前面。

3 再次在针上挂线并将线拉出，钩织1针立起的锁针。

4 第1行均在圆环中入针，钩织所需数目的短针。

5 暂时将针抽出，拉住最初的圆环的线和线头，拉紧圆环。

6 第1行的终点，需在最初的短针头部入针后引拔。

从中心开始环形钩织
（用锁针制作圆环）

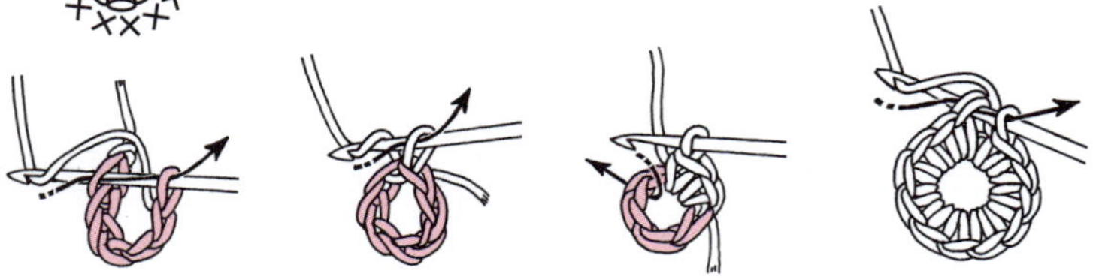

1 钩织所需数目的锁针后，在第1个锁针的半针中入针，挂线后引拔出。

2 在针上挂线，将线拉出。这就是立起的锁针。

3 第1行需在圆环的中心入针，整束挑起锁针，钩织所需数目的短针。

4 第1行的最后，在最初的短针头部入针，挂线后引拔。

平针编织时

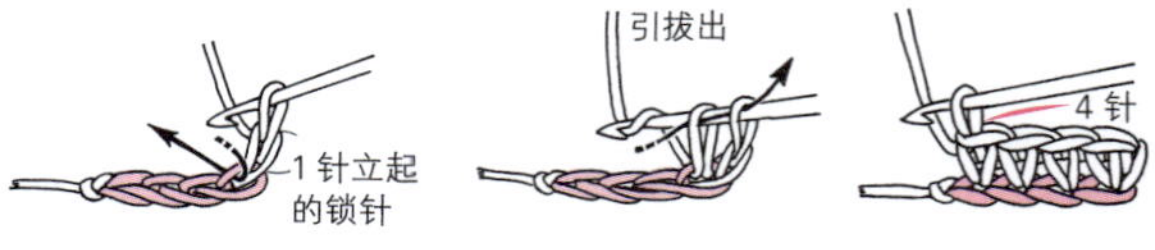

1 钩织所需数目的锁针和立起的锁针，再从顶端起第2针锁针中入针，挂线后拉出。

2 在针上挂线，如箭头所示，挂线后引拔。

3 第1行钩织好的样子（1针立起的锁针不算作1针）。

挑针的方法

在1个针目中挑针

整束挑起

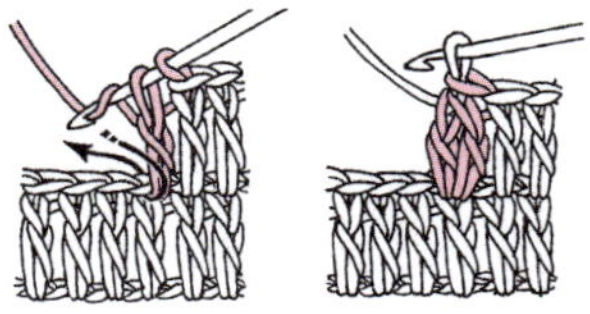

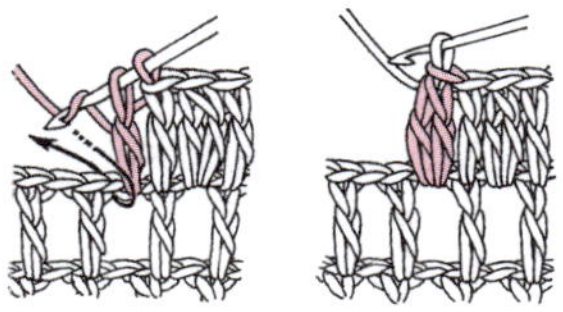

1　2　1　2

即使是相同的枣形针，符号图不同，挑针方法也不同。符号图的下方闭合时，需在前一行的1个针目中入针，挑针钩织；符号图下方分开时，需整束挑起前一行的锁针钩织。

引拔针

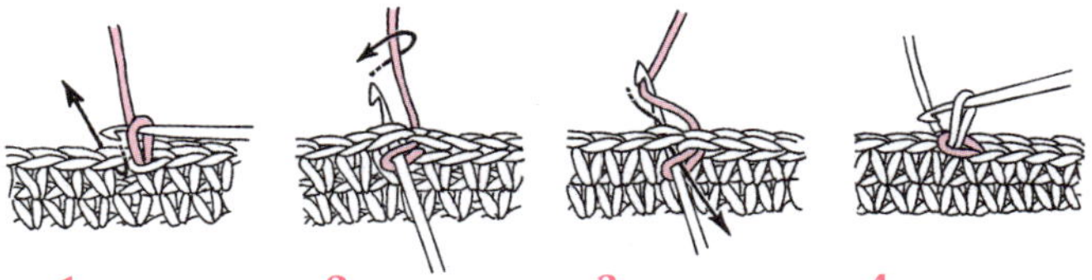

1 在前一行的针目中入针。

2 在针上挂线。

3 将线一次性引拔出。

4 完成1针引拔针。

中长针

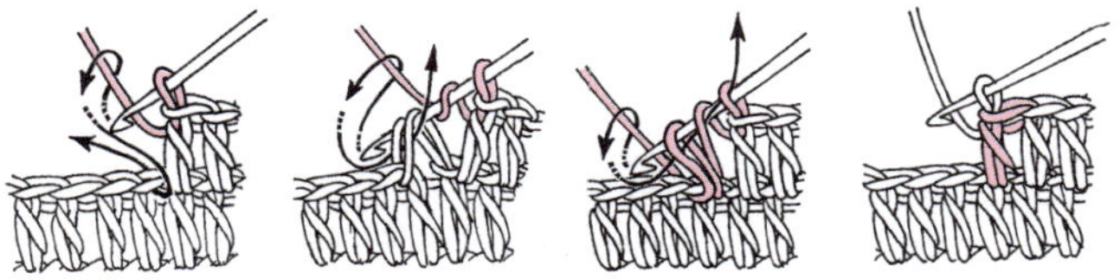

1 在针上挂线，在前一行的针目中入针。

2 再次在针上挂线，拉至前面（这个状态叫“未完成的中长针”）。

3 在针尖上挂线，一次性引拔穿过3个线圈。

4 完成1针中长针。

长长针　　3卷长针

*（ ）内为3卷长针所需的挂线次数

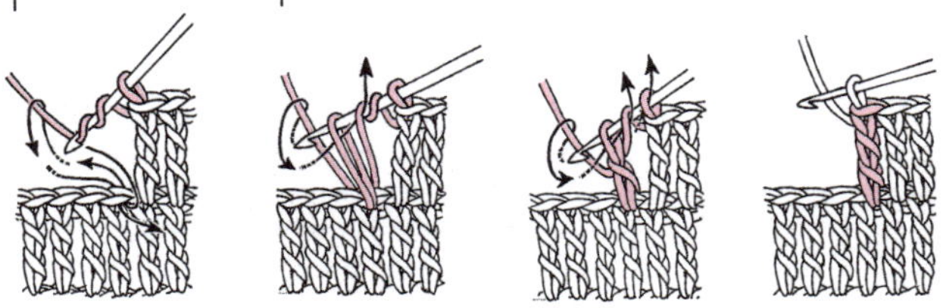

1 在针上挂2次（3次）线，在前一行的针目中入针，在针上挂线后，将线拉至前面。

2 如箭头所示，在针上挂线，一次性引拔穿过2个线圈。

3 重复2次（3次）相同的动作。

4 完成1针长长针（3卷长针）。

针法符号

锁针

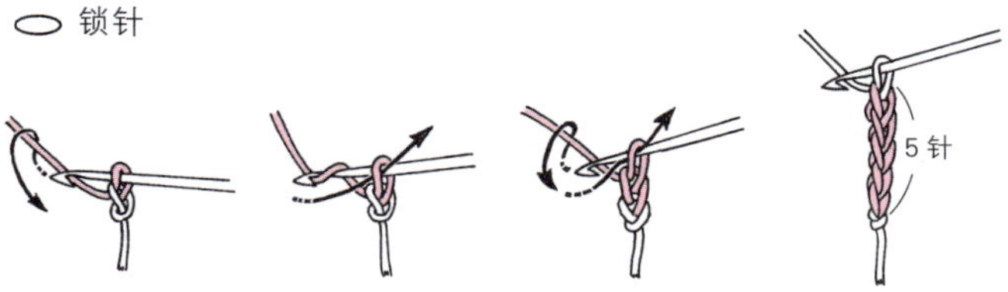

1 钩织最初的针目，如箭头所示转动钩针。

2 在针上挂线，将线拉出。

3 重复相同的步骤。

4 完成5针锁针。

短针

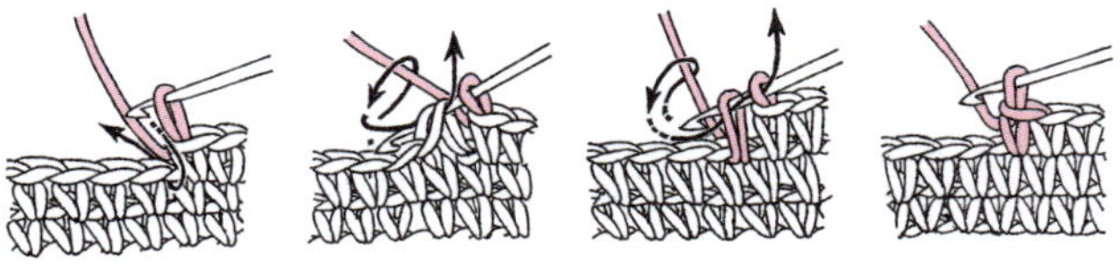

1 在前一行的针目中入针。

2 在针上挂线，将线圈拉至前面（这个状态叫“未完成的短针”）。

3 再次在针上挂线，一次性引拔穿过2个线圈。

4 完成1针短针。

长针

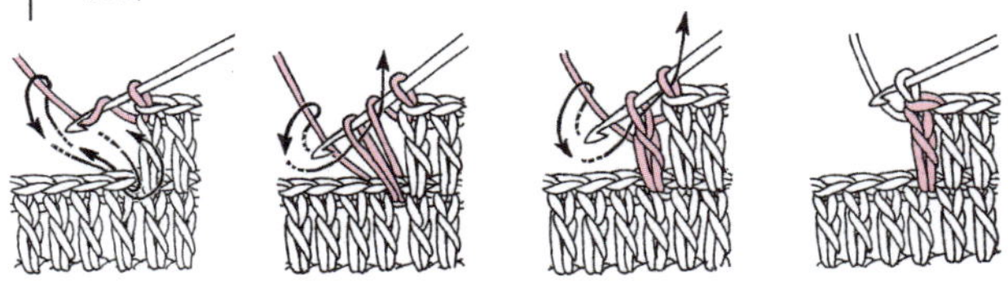

1 在针上挂线，在前一行的针目中入针，再次在针上挂线，将线拉至前面。

2 如箭头所示，在针上挂线，一次性引拔穿过2个线圈（这个状态叫作“未完成的长针”）。

3 再次在针上挂线，如箭头所示一次性引拔穿过余下的2个线圈。

4 完成1针长针。

3针长针的枣形针

*如果针数是3针以上或长针以外的情况，按相同要领，在前一行的1个针目中，钩织指定针数的未完成的针目，再按照步骤3一次性引拔穿过针上的线圈即可

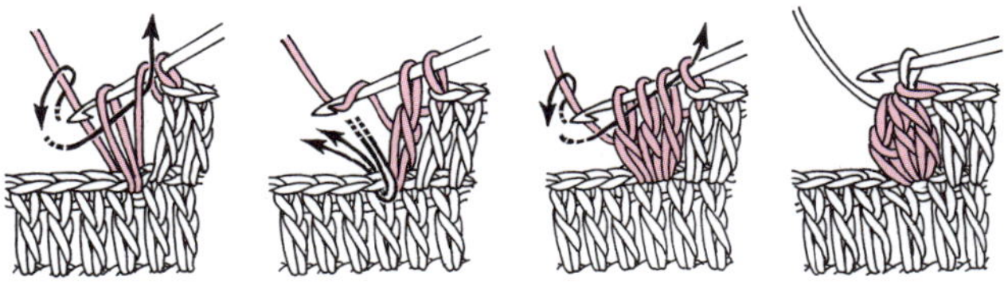

1 在前一行的针目中钩织1针未完成的长针。

2 在同一针目中入针，继续钩织2针未完成的长针。

3 在针上挂线，一次性引拔穿过针上的4个线圈。

4 完成3针长针的枣形针。

2针短针并1针　3针短针并1针

*( )内为3针短针并1针所需的挂线次数

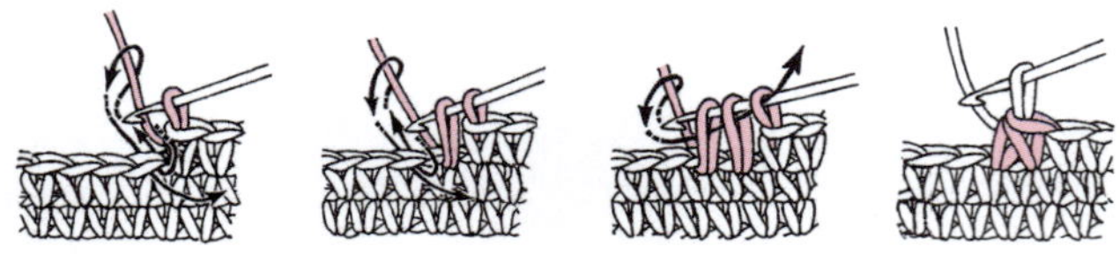

1 按照箭头所示，在前一行的针目里入针，挂线后拉出。

2 下一针也按照相同的方法，拉出线圈（3针并1针时，也从下个针目中拉出线圈）。

3 在针上挂线，一次性引拔穿过3（4）个线圈。

4 完成2针短针并1针（3针短针并1针）。比前一行减少了1（2）针。

1针放2针短针　1针放3针短针

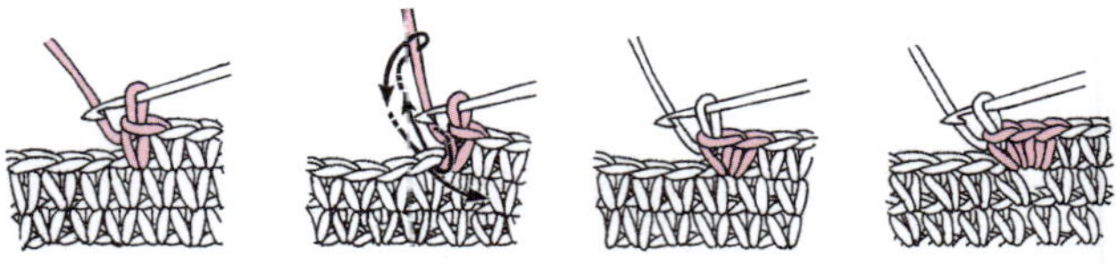

1 钩织好1针短针。

2 在同一针目中入针，挂线拉出，钩织短针。

3 钩织了2针短针的样子。钩织1针放3针短针时，就在同一针目中再钩织1针短针。

4 在前一行的1个针目中钩织了3针短针的样子。比前一行增加了2针。

长针2针并1针

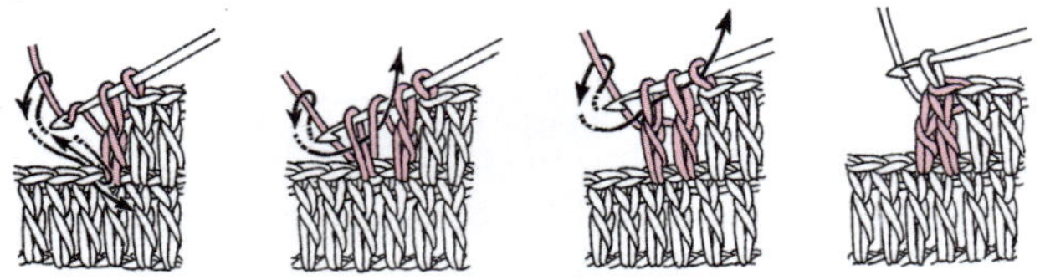

1 在前一行的针目中钩织1针未完成的长针，然后在下一针中如箭头所示挂线后入针，将线拉出。

2 在针上挂线，一次性引拔穿过2个线圈，钩织第2针未完成的长针。

3 在针上挂线，一次性引拔穿过3个线圈。

4 完成长针2针并1针。比前一行减少了1针。

1针放2针长针

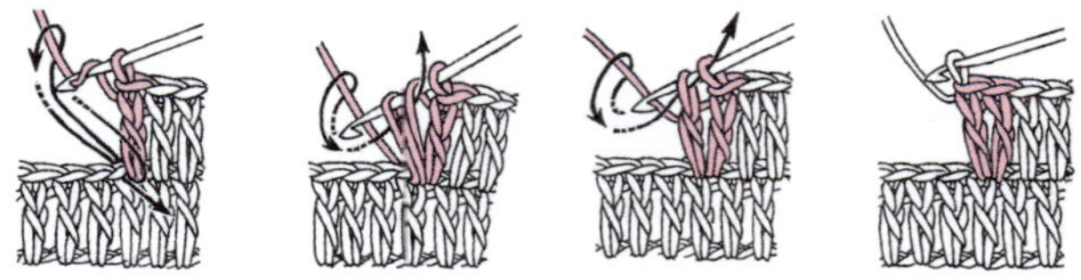

1 在钩织好1针长针的同一针目中，再次钩织长针。

2 在针上挂线，一次性引拔穿过2个线圈。

3 再次在针上挂线，一次性引拔穿过余下的2个线圈。

4 在1个针目中钩织了2针长针的样子。比前一行增加了1针。

3针锁针的狗牙拉针

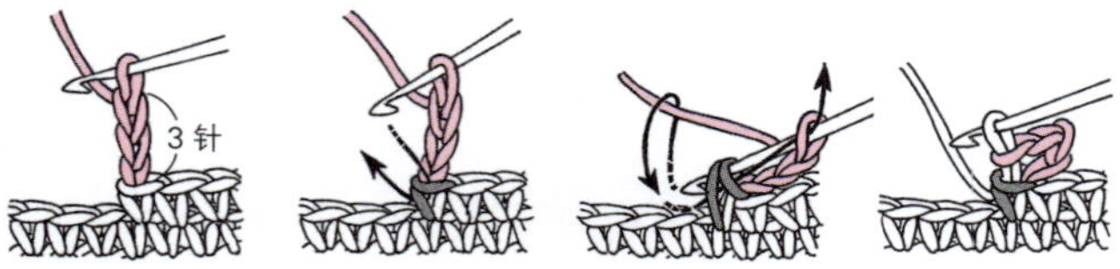

1 钩织3针锁针。

2 从短针的头部半针和根部1根线中入针。

3 在针上挂线，如箭头所示，一次性引拔穿过3个线圈。

4 完成3针锁针的狗牙拉针。

5针长针的爆米花针

*如果针数是5针以上或长针以外的情况，在步骤1中钩织指定针数的指定针目，并按相同要领引拔

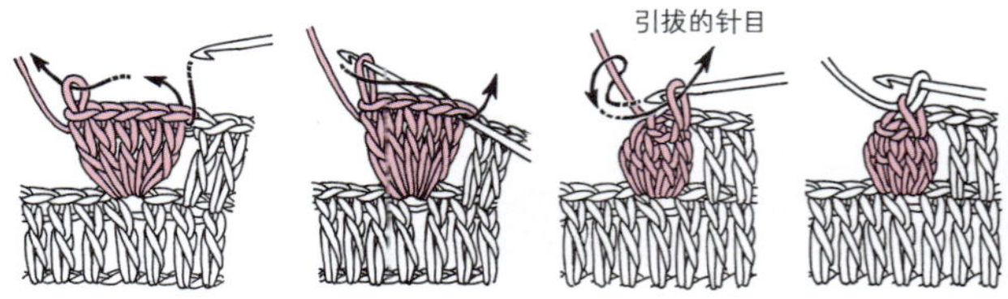

1 在前一行的同一针目中，钩织5针长针，将针暂时抽出，再如箭头所示重新插入。

2 将线圈直接引拔至前面。

3 再钩织1针锁针，拉紧。

4 完成5针长针的爆米花针。

短针的条纹针

*每一行都按照同一方向来钩织短针的条纹针

引拔针的条纹针＝●

中长针的条纹针＝▲

长针的条纹针＝■

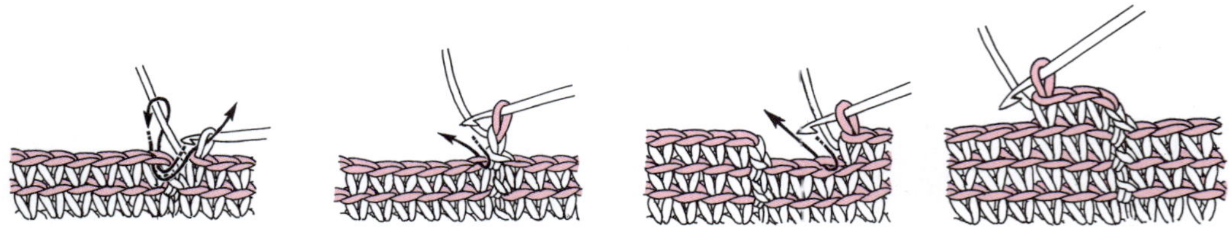

1 每行都看着正面钩织。钩织1圈短针后，在最初的针目中引拔出。

2 钩织1针（●＝不钩织立起的锁针、▲＝2针、■＝3针）立起的锁针，挑起前一行的后面半针，钩织短针（●＝引拔针、▲＝中长针、■＝长针）。

3 按照相同的方法，重复步骤2的要领，继续钩织短针（●＝引拔针、▲＝中长针、■＝长针）。

4 前一行的前面半针呈现条纹状。这是正在用短针的条纹针钩织第3行的样子。

变形的长针右上1针交叉

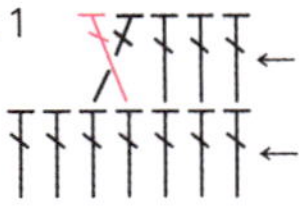

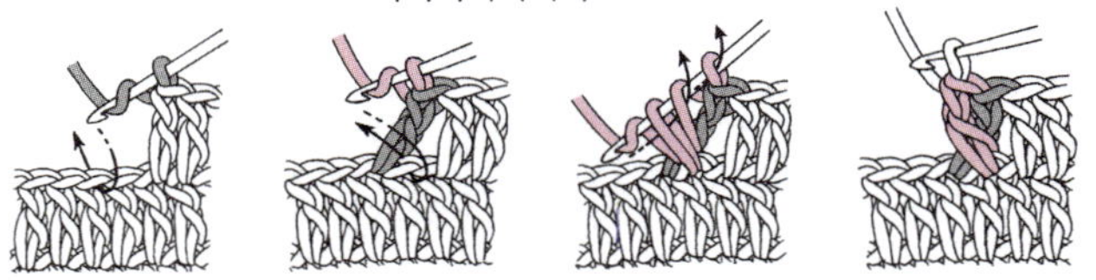

1 在针上挂线，跳过1针，在下一针目中入针，钩织长针。

2 在针上挂线，如箭头所示在跳过的针目中入针。

3 在针上挂线，将线拉至刚刚钩织好的长针的前面，再钩织长针。

4 完成变形的长针右上1针交叉。

1针和变形的2针长针的右上交叉

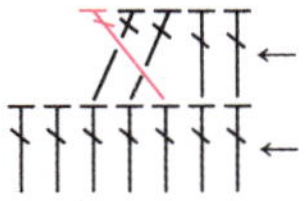

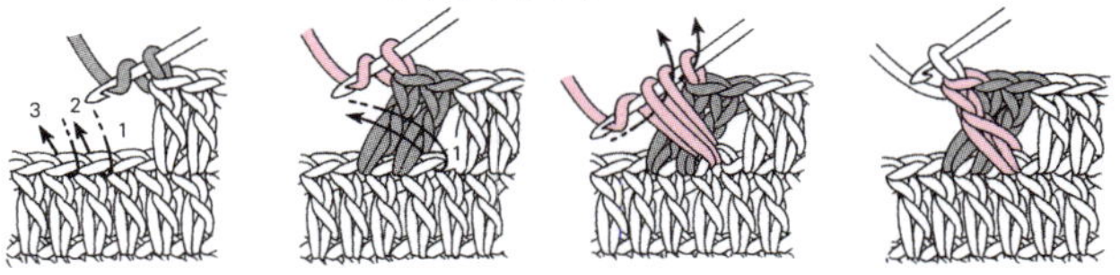

1 在针上挂线，如箭头所示，跳过针目1，在针目2、3中入针，钩织长针。

2 在针上挂线，在跳过的针目1中如箭头所示入针。

3 在针上挂线，将线拉至刚刚钩织好的长针的前面，再钩织长针。

4 完成1针和变形的2针长针的右上交叉。

长针的正拉针

※如果是长针以外的情况，按相同的方法在前一行的针目的头部入针钩织

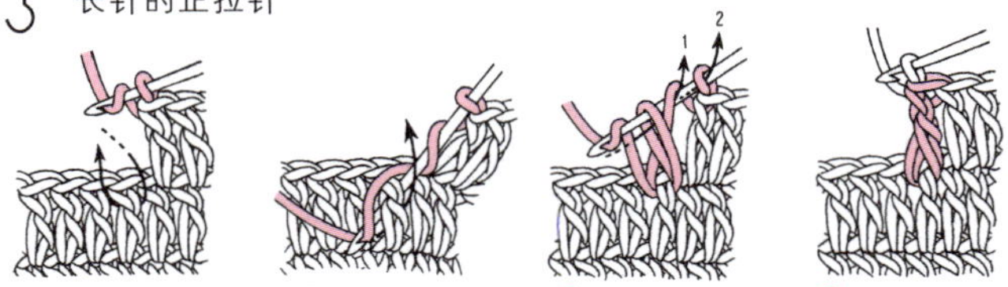

1 在针上挂线，如箭头所示，在前一行的长针的根部，从正面入针。

2 在针上挂线，如箭头所示拉出较长的线。

3 再次在针上挂线，一次性引拔穿过2个线圈（1）。再重复1次相同的操作。

4 完成1针长针的正拉针。

短针的菱形针

※一边改变每行织片的方向，一边钩织短针的菱形针

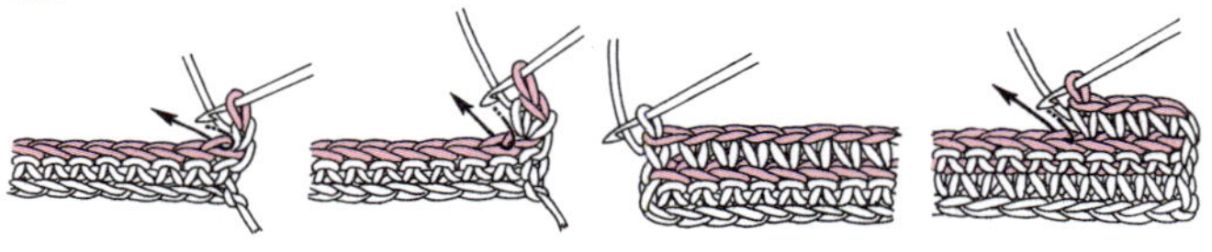

1 在前一行头部的后面半针中，如箭头所示入针。

2 钩织短针，下一个针目也用相同的方法在后面半针中入针。

3 钩织到顶端后，改变织片的方向。

4 按照与步骤1、2相同的方法，在后面半针中入针，钩织短针。

变形的长针左上1针交叉

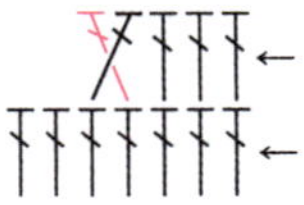

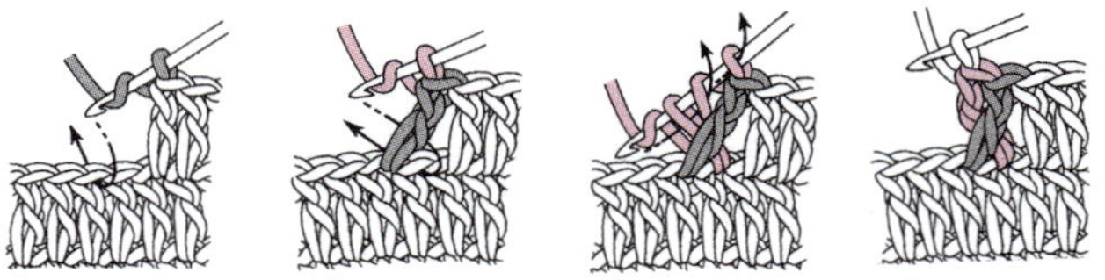

1 在针上挂线，跳过1针，在下一针目中入针，钩织长针。

2 在针上挂线，从刚刚钩织好的长针的后侧将针插入跳过的针目中。

3 在针上挂线，将线拉出，再钩织长针。

4 完成变形的长针左上1针交叉。

1针和变形的2针长针的左上交叉

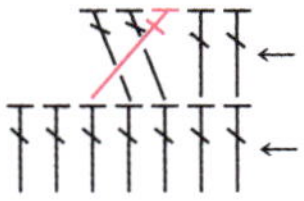

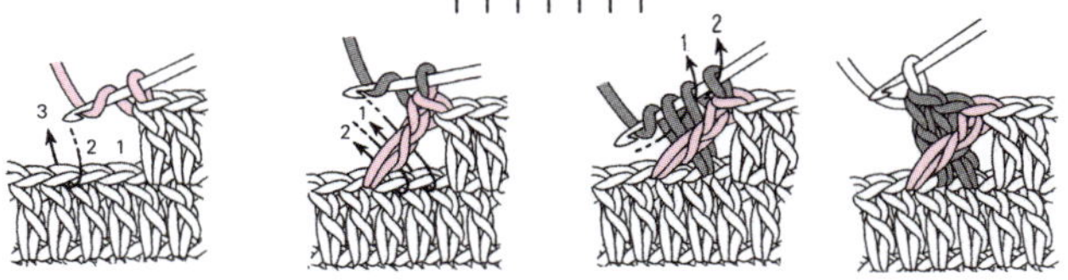

1 在针上挂线，跳过针目1、2，在针目3中如箭头所示入针，钩织长针。

2 在针上挂线，从刚刚钩织好的长针的后侧如箭头所示在针目1、2中入针。钩织2针长针。

3 在针上挂线后拉出，钩织第1针长针，按照相同的方法钩织第2针长针。

4 完成1针和变形的2针长针的左上交叉。

变形的3针中长针的枣形针

＊如果针数是3针以上的情况，在步骤1中钩织指定针数的未完成的中长针，再按相同要领钩织

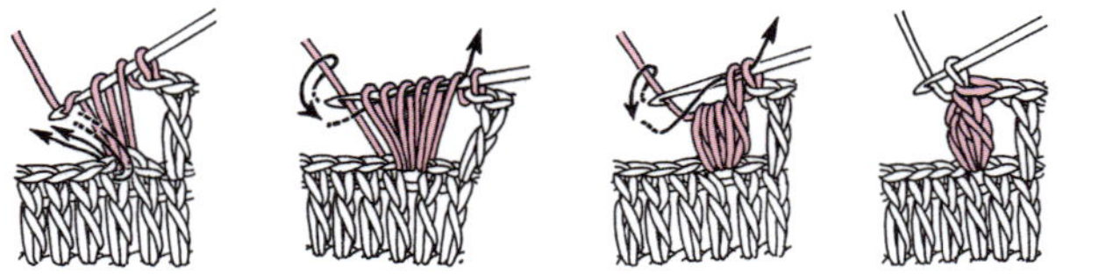

1 在前一行的针目中入针，钩织3针未完成的中长针。

2 在前一行的针目中入针，钩织3针未完成的中长针。

3 再次在针上挂线，一次性引拔穿过余下的线圈。

4 完成变形的3针中长针的枣形针。

短针的反拉针

※在往返编织时，看着反面钩织时，需钩织正拉针

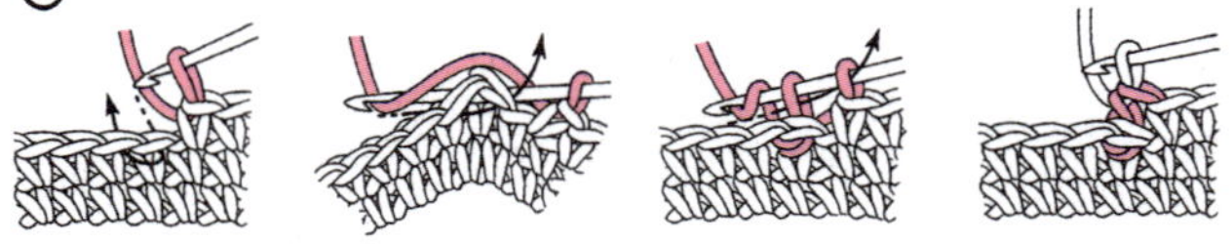

1 如箭头所示，在前一行短针的根部后面入针。

2 在针上挂线，如箭头所示，向织片的后面拉出。

3 拉出比钩织短针时长一些的线，再次在针上挂线，一次性引拔穿过2个线圈。

4 完成1针短针的反拉针。

图书在版编目（CIP）数据

新版钩针编织的包袋大全集 / 日本 E&G 创意编著；刘晓冉译 . -- 郑州 : 河南科学技术出版社 , 2025. 7.

ISBN 978-7-5725-2086-0

Ⅰ. TS935.521-64

中国国家版本馆 CIP 数据核字第 2025LW8086 号

出版发行：河南科学技术出版社
地址：郑州市郑东新区祥盛街27号　邮编：450016
电话：（0371）65737028　65788613
网址：www.hnstp.cn

出 版 人：乔　辉
策划编辑：张　培
责任编辑：张　培
责任校对：耿宝文
封面设计：张　伟
责任印制：徐海东
印　　刷：郑州市毛庄印刷有限公司
经　　销：全国新华书店
开　　本：889 mm × 1194 mm　1/16　印张：6　字数：180 千字
版　　次：2025年7月第1版　2025年7月第1次印刷
定　　价：49. 80元